牛奶，謊言與內幕

Lait, Mensonges et Propagande

Thierry Souccar

蒂埃里・蘇卡

陳懿禎、劉美安 譯

〈推薦序〉

是時候打破牛奶神話了！

王宥驊

長期以來牛奶廠商結合了西方醫學以及媒體，創造出了牛奶神話。他們找來了明星和名人來代言，每個人的唇上都長了白亮亮的牛奶鬍子。彷彿是害怕世人不知道牛奶是萬靈丹，提醒大家喝了可以治百病。

姑且不談牛奶商人荷包滿滿，明星名人各個因爲高額的代言費笑不攏嘴；西方醫學人士更因爲病人喝了牛奶而使身體更加糟糕，看診開藥更是使他們的收入暴增。然而背後的眞相到底有誰知道了呢？大眾的病苦又有誰眞正去了解問題的根源了呢？

牛奶是給牛喝的。這在自然醫學內已經是國民生活需知般穩固，如鋼鐵般堅硬的法則。簡單來說，牛奶裡面的蛋白質跟養分都是專門爲了使小牛成長而設計，跟人類一點關係都沒有。也因此人體的免疫系統會對這些不適合人體的蛋白質產生過敏的現象，例如：鼻塞、腹瀉、紅疹等等。

牛奶裡面也含有大量的細菌病毒、荷爾蒙、抗生素、感染源及化學藥劑等，喝多了容易提高婦科問題發生機率，也會增加身體毒素的累積。

牛奶因爲是產酸性的食物，也因此身體爲了中和由蛋白質所產生的酸性，必須損耗身體裡面的鈣質，最後導致骨質疏鬆的問題。過多的乳製品攝取會讓身體變成酸性，而酸性體質是形成所有疾病和問題的基礎，更會造成身體排毒的問題。比較輕微的會有過敏症狀，嚴重的，則會有心臟冠狀動脈疾病、神經系統疾病、傳染疾病、糖尿病，還有腫瘤的形成。

東方人因爲體質的不同，乳糖不耐症的比例比白種人高出很多，約有百分之九十的人有這樣的問題。（人類斷奶後沒有辦法分解乳糖更是人體不需要攝取奶類的鐵證！）基本上，有乳糖不耐症的人一喝牛奶就會過敏而且腹瀉，牛奶裡面即使有再豐富的鈣質也都付諸流水了，又怎麼會補充到身子裡呢？

如果喝牛奶可以補充到鈣質的話，試問爲什麼美國、英國、瑞典、芬蘭這些在全世界消耗牛奶最多的國家，卻也同時是骨質疏鬆症最嚴重的國家呢？

人體吸收鈣質的過程是很複雜的，到目前爲止仍然沒有有力的證據指出喝牛奶能眞正補充到鈣質。但眞正要補充到鈣質還有很多方法：像是多吃蔬菜水果，尤其是深綠色葉菜、魚類、豆類，適當的運動也可以預防骨質疏鬆的問題。

這世界上已經有太多關於牛奶的謊言了，然而事實的眞相卻一直被那些既得利益者想盡辦法瞞天過海，爲的只是讓自己銀行存款尾數多加幾個零。更可悲的是，號稱爲人民健康把關的西醫們也從來沒有眞正思考過關於牛奶的來龍去脈，只是盲目的崇拜著先人錯誤的結果。

很高興有記者蒂埃里．蘇卡先生把血淋淋的眞相寫出來，也感謝商周出版把這麼一本珍貴的書翻譯成中文，讓全球華人有機會接觸到正確的知識。當大多數西醫都是盲目的時候，從客觀角度、經過追根究柢精神所寫出來的書，這本警鐘想必會在保守的醫學界投下一顆震撼彈。或許下次去看醫生時，可以送一本《牛奶，謊言與內幕》給他／她。更可以大聲的對牛奶鬍子說不！

如果看完了書，您還是不相信乳製品對人體的壞處，不妨試試自然醫學中的「七日牛奶排毒法」。方法很簡單：只要在短短的七天內，完全不攝取牛奶跟乳製品即可（包含起士、冰淇淋、巧克力、優酪乳等）。只要這麼做，大約四公升的黏膜就會從您的腎臟、脾臟、胰臟、還有其他的部位排出。您會發現身體內部好比做了一場大掃除！大部分的人只要進行七天牛奶排毒計畫，都能很快發現到明顯的不同，無論是身體或是心理的狀態，比如睡得比較安穩、比較有精神、情緒比較穩定、性慾增強等。

挑戰一下自己，只要七天就可以讓自己煥然一新，何樂而不爲？您可以仔細的記錄好與不好的過程與變化來做比較。如果您懷疑七天後所感受到的改變，或認爲這只是個巧合，只要您夠勇敢的話，大可以在七天牛奶排毒計畫後開始攝取奶類製品。開個party，點些pizza，享受一下冰淇淋。在十五個小時內，保證不舒服的老毛病都會回來！

牛奶到底可不可以喝？請您在七天後告訴我！

（本文作者為自然醫學博士）

〈推薦序〉

營養學新觀念的建立，是養生之道——喝牛奶的迷思

江晃榮

科學無法解釋所有宇宙現象，過去被視爲眞理的，可能會因爲技術與觀念的突破全盤遭推翻，就像哥白尼時代大家都認爲地球是太陽系中心一樣，這也正代表著人類是不斷在進步的。

一百多年來，人類的營養學奠基在生物化學與西方醫學的研究上，但全球疾病的種類反而隨著醫學的進步不減反增，醫院越蓋越多，規模也越大，病人數量也一直增加，這表示今天的西醫可能有它的缺失與盲點，營養學理論也應全盤檢討。

牛奶相關的營養學理論便是一例，百年來乳品業者以成功的置入式行銷手段進行偏差的營養教育，目前全世界大學營養課程，光牛奶單元就至少要講授一個月，其中包括了牛奶成分、對人體的好處以及生產製造等，而這些畢業生一旦當上營養師也把相同理念傳播到社會各處，於是全世界的人都直接或間接被告知：每天要喝牛奶或乳製品，也使得乳品工業成爲重要賺錢產業之一。

二次大戰結束後，農民爲了提高產量與降低成本，大量引用化學工業的產品，如農藥、化學肥料與生長激素等，牛隻的飼養不再依循傳統方式在開放空間放牧吃草，牛被養殖在狹小空間，吃的是人工飼料，其中添加抗生素、生長激素，甚至還有羊隻等其他動物的內臟。也因爲牛因此吃進了感染狂牛病病原蛋白，才造成聞名全球的「狂牛病」。

在這種情況之下，牛的壽命從平均超過二十歲減爲不到五歲，而牛奶中的成分也什麼都有，當然包括大量的污染物，牛奶不再是營養學家心目中的好東西了。台灣衛生署常告訴大家，喝母奶的嬰兒免疫力較佳，但同樣的問題也存在，母奶污染情況如何，戴奧辛含量有多高，對體積那麼小的嬰兒傷害可能更大！

在美國及歐洲都有所謂「反牛奶聯盟」，在乳製品巨大利益下，當然不允許反牛奶觀念成爲風潮，受到打壓是必然的，因此世界各國人民仍視乳製品爲生活必需品。

《牛奶，謊言與內幕》客觀舉出了科學實驗證據，告訴社會大眾牛奶的眞相，目的只在提供一項新觀念：牛奶並非如宣導中的好東西，作者並聲明他反對的是盲目且被強迫式的喝牛奶，因此在得知牛奶眞相後，由讀者自己選擇繼續或捨棄牛奶！

本書的特色在於引用許多實驗數據，並推翻了以往大家對牛奶的認知，例如牛奶可提供鈣質、預防骨質疏鬆，但事實上卻是相反。書中舉出了許多科學證據，說明喝過多的牛奶將加速骨質疏鬆、糖尿病、過敏，以及多種癌症等，絕不是危言聳聽。本書更客觀的分析了鈣質的吸收與利用，並提供了營養飲食配方以供注重養生者參考。

一項新的觀念本來就會受到挑戰，要讓大多數人接受並非易事。我之前也曾綜合國外研究與自己研究心得，提出「腸道造血說」挑戰傳統的「骨髓造血」，引起很大的反彈。我向來反對盲目將牛奶神格化，也曾和知名營養學者討論，但這位營養專家表示無法接受。長久以來，營養教科書上始終認爲牛奶是相當好的營養食品，若是牛奶喝不得，營養課程中有關牛奶部分是否都可以停擺，不用教了！

科學家發現，長壽地區居民大多有食用發酵乳品（如優酪乳或乾酪等）的習慣，很多人問我既然牛奶不能喝，那麼牛奶的加工產品是否適於食用，我的答案是：乳製品本身無罪，但近代科技改變並破壞了老祖先傳下來的好東西。

本書是一本値得一讀再讀的好書，至於讀完後，要不要再選擇牛奶及乳製品，則由讀者自行決定了！

（本文作者爲生化博士、台灣生物科技開發基金會董事長及台灣自然醫學會會長，任教於台北醫學大學、台大醫學院及雲林科技大學等。

個人網站 http://tw.myblog.yahoo.com/chiang217996）

〈推薦序〉
不可不知的真相

姜淑惠

約莫二十年前（一九九二年），我曾發表一篇有關〈重建對牛奶攝取之正確認識〉的文章，深獲海內外朋友之所好，爾後相繼張貼散播於各網站，引發對牛奶的若干爭議與討論，實爲始作俑者。

日前突接獲商周出版寄來法國蘇卡先生的新作《牛奶，謊言與內幕》，並且問序於後學。在先睹爲快之下，騎乘於他快人快語，書劍江湖之俠義，言爲心聲，感佩非常，似也激盪起年少時赤子之懷，欣然應允這個邀稿。雖然已相隔二十年，實在難掩「德不孤，必有鄰」的知遇與欣慰。雖彼此不相識，卻共願以還給牛奶應有的清白與揭示牛奶眞相爲職志，實屬刻不容緩。蘇卡先生身爲專業於科學、營養與健康領域的記者，記者的使命是眞相的追尋之旅，他的確竭心盡力的實踐這個角色所應承擔的使命，委實履行眞理探索的科學性，眞相洞悉的超然性。誠然是一位凡中出奇的記實者，是一介眾醉獨醒的卓絕者。這是觀其文後，我的一點小小感受。

本書涵蓋三個內容：牛奶研究眞相、乳品工業行銷內幕、牛乳與疾病間應當釐清的關係。

有關內幕之揭露，實屬黑箱作業，亦是黑箱外揣測，前者終究逃不出名利二端，爲虛名薰心，受厚利誘惑，假科研之外飾，從事不客觀的研究，以扭曲或未造成不實之推論，欺誑普羅大眾，遺害深遠……。對於這部分內容，我客觀以待，不下斷語，留給時間去考驗與眞理來檢測。因爲天理昭昭，明察秋毫。

其他有關牛奶的眞相研究，則值得大大推薦。其理由不外有四點，謂深、廣、圓、細。我不斷從饒富興致的文字間，觀察到作者靈活使用這四種檢索法來進行資料的收集、歸納、剖析與思辯。時而帶我們上泰山以小天下，用天文望遠鏡來觀歷史潰變下的奶類文明，示之以「廣」。時而蒐集精準周詳的文獻如道行高遠的坎貝爾教授（注：《救命飲食》一書作者），以畢生深厚的學養，通達透徹的提出牛奶無法防止骨質疏鬆等顛仆不破之論點，示之以「深」且「圓」。析之以「細」者，如一般人對骨質密度的迷失，以爲骨質密度低下者，必然有骨質疏鬆。揭示人體微細調節的奧妙，破除僅以數據高低來論斷的粗糙觀察，進而開拓了觀察眞相的微調動態平衡觀。又耗費大量篇幅，清楚指出牛奶中的蛋白質會增加致癌率，會誘發腫瘤生長，會增加新血管的文明病，無不做了深刻且深度的闡釋與舉證。咀嚼消化之間，品味到作者的用心良苦。

我在臨床看病時，常會遇到疑難雜症，曾有一位二十八歲羅患一期乳癌的小姐，做了切除手術，恐會復發故兼又施行化療。其間有熱心的醫師及營養師不斷叮嚀，應多攝取蛋白質，以免體力衰弱而感染。她遵循醫囑，每天喝二公升鮮奶當做茶水、吃兩客牛排、兩顆蛋，體重不減反增，氣色極佳，成爲病患中的模範生。不料在化療進行三個月時，發現骨頭有多處轉移且已進入末期。她疑惑不解，何以會如此。

另有一位三十二歲電腦工程師，罹患鼻咽癌二期，接受放療與化療，因爲副作用而無法進食，爲了維持生命，院方建議補充罐裝高蛋白營養奶，每日服用八瓶，一共用了八個月，不幸的，他的腫瘤快速轉移到肺臟及骨頭。他也大惑不解的諮詢於我：「難道這樣攝取牛奶也錯了嗎？」更何況這也是醫師及營養師大力推薦的。欲知眞相，請參閱本書。

一個觀念如嵌入腦中的DNA，可以產生質變與量變，所以一句話的代價是極爲可觀的。牛奶的功臣過，如今橫掃一個世紀以上，它可以顚倒是非，愚弄蒼生，亦可以還原眞相，藉由適時、適量的攝取而福利大眾，嘉惠生態。您心中有譜了嗎？

（本文作者爲「無著健康之道中心」創辦人）

〈推薦序〉真相

許達夫

二〇〇四年兩顆子彈，讓阿扁驚險過關。藍軍氣急敗壞，爲求眞相，成立偵調會，欲求翻案，但屢被綠軍阻擾。至今眞相未明，導致全國陷入政黨惡鬥，民不聊生。可見眞相不明，影響至鉅！眞相何以不明？不能明？不可明？原因有二：一是利益衝突，二是無知無能。

「物競天擇，適者生存」這是自然定律。俗語說：「人不爲己，天誅地滅。」這是人性。凡有人必有爭執，必有利益衝突。因此每個人無不爲維護自己之利益而努力。正人君子者，爲了維護眞相可以犧牲己身利益，而小人者，卻可以昧於良心而隱瞞眞相，甚至造假而無所不用其極！於是君子當道，欣欣向榮；小人得勢，萬人遭殃！

宇宙萬物，變化莫測，以人之小小腦袋，妄想去探測浩瀚穹蒼，是不自量力！人類直到伽利略才知道地球是圓的，到了牛頓才知道有地心引力！一九六〇年才知道ＤＮＡ螺旋結構，二〇〇五年才發現與人體共生幾百萬年的幽門桿菌。科學家說：「我們對人體才了解了百分之五，百分之九十五仍是未知！」因此很多眞相不得而知。試問：誰能解釋人爲何有男女之別？人類染色體爲什麼有二十三對？恐懼是什麼？快樂又是什麼？癌症從何而來？無知無能，讓我們無法了解眞相！

眞相不明，必有假相。毛澤東說：「一句假話說一百遍，就成眞話！」的確，人總是習以爲常，即使是錯的，也常誤以爲是眞。辦案專家李昌鈺常說「證據會說話」、「證據到哪裡，就辦到哪裡！」，醫師們也常要求「證據醫學」。似乎講求證據就是合乎科學？而科學是什麼？簡單的說，就是「重複出現」。重複出現越多次，證據力就越強。而證據的蒐集來自人爲，於是又有了利益問題。很多證據或科學論文是爲利益服務的。俗語說得好：「拿人錢者，手短！」很多眞相或科學論文就是在這種手短的情況下完成！在這本書裡，作者已經很清楚的舉證歷歷！

牛奶是好或壞？眞相在哪裡？大家都是先有成見，再去找證據！因此婆說婆有理，公說公有理！一時之間難分難解！事實上只要回歸自然，從自然觀察就能清楚眞相：

一、自然界裡無論母奶或牛奶，都是在生產後爲哺乳小嬰兒或小牛而產生，試問有哪種動物長大後還在吃奶？老牛是吃草的！只有人類自作聰明把牛奶當食品來吃！

二、當小牛長大後，老牛即不再分泌乳汁。但是人類爲要強迫牛隻不斷的分泌乳汁，於是牛隻天天被施打抗生素、荷爾蒙、生長激素……。如此產生的牛奶，合乎衛生嗎？

三、一般小牛在出生幾小時後，就要站起來甚至能奔跑，因此要提供如此強而有力的營養，牛奶勢必是高蛋白、高脂肪、高鈣、高卡路里以及高生長激素。這適合人體嗎？

四、事實上，科學家早就證實牛奶裡很多乳糖、動物蛋白、生長激素都不是人類所需，甚至有害。相反的，人類所需的如亞麻仁油酸、酵素、抗體，牛奶中完全缺乏。

五、牛奶裡所有的營養，都可以在其他植物裡獲得，如富含大豆蛋白的植物奶。

六、把喝牛奶當成一種享受，來一杯咖啡牛奶是不錯的，但當成一種必需營養則萬萬不可！

醫院的醫師或營養師，常常提供牛奶給病人飲用，尤其是營養不良的癌症病人！爲什麼？理由很簡單，醫師沒有學過營養學，對營養完全不懂，而醫院營養師泰半是剛從學校畢業，缺乏臨床經驗也不了解疾病與病理，又受制於醫師與藥廠，因此只能提供牛奶或化學合成的營養素。

營養的獲得並非由「吃到什麼來決定，而是由細胞得到什麼來決定」。一位食慾不振、頭昏眼花、噁心嘔吐的化療病人，如何吃牛肉？如何消化高蛋白？任何食物吃進肚子裡後要發揮其營養，端視該食物有沒有被吸收、被完全燃燒以及被細胞利用。任何營養素完全燃燒後都會變成水與二氧化碳。如果不是，則會變成普林、尿酸等體內廢物。因此營養的獲得，食物固然重要，人的因素更重要！

五年前罹癌之後，我拒絕手術與化療，走上自然療法。這讓我深深覺得正統西醫是「醫病不醫人」，而自然醫學卻是「醫人也醫病」。人不好，再多的治療或再多的營養也是事倍功半。正統西醫只能在診斷、急救發揮功能，對慢性病如高血壓、糖尿病、中風、癌症、頭昏眼花、腰痠背痛，以及一些過敏、退化、老化全都束手無策，因為這些問題都不只是一種疾病而已，而是「人的問題」！「人的問題」就必須「醫人」才能成功！

五年來不斷的受到正統西醫的打壓，甚至有醫學中心主任公然認為我是最壞的示範，預測我活不過三年：第一年僥倖逃過，第二年復發，第三年死亡，而且會死得很悲慘。如今我不但活下來，五年來不曾服用過任何藥物，身體卻比以前更健康，精神更愉快！

醫師活在白色象牙塔裡，死抱著自以為是正統的醫學，不斷的排斥非正統的另類醫學，他們忘記「一昧的排斥」也是反科學！面對病人，醫師們不僅不敢說出眞相（如果說出眞相，相信很多病人都會逃離醫院），更以一連串的假相來威脅利誘病人！病人到醫院就醫，務必自求多福，生命要交給自己！

眞相在哪裡？請用您的智慧來判斷！

（本文作者為許醫師自然診所負責人、台中林新醫院神經外科兼任醫師、直腸癌患者）

〈推薦序〉

食物的一利與一害

莊靜芬

如果拋開人工添加物等非天然的食物元素不談，每一種食物都有它利於人體與害於人體之處，就像我常談的一個概念，「食物有一利必有一害」。換句話說，沒有一種食物是全然有利於所有人，而決定其中的利或害的因素，或許是食物的成分，也或許是食用者的體質、體型、用量等因素，更多時候則是二者互相作用的結果。

就拿菇類食物為例，近年來養生菇的相關餐飲十分盛行，以營養層面來說，菇類食物幾乎不含卡路里，含有許多重要的營養素及多量纖維，可減少膽固醇，降低血壓，同時也因為含有多種的多醣類，能提高體內的免疫機能，增加對疾病的抵抗力，可以說是相當符合現代人健康觀的食材。不過，菇類食物，特別是烹調中經常使用的香菇，乃屬於高普林的食品，如果患有痛風的人是不適合食用，從這個角度，眾所推崇的菇類食物，對高尿酸族群就不見得是有利健康的食物了。

另一個影響食物為利或害的重要因素，跟個人的體型有關，因為不了解自己體型而誤食所造成的健康問題常被忽略，由於沒有像「吃香菇會讓痛風加劇」這樣明顯的關聯產生，自然無法察覺原因就在於自己吃了不該吃的食物。例如下腹突出體型的人並不適合吃酸涼的食物，如果剛好嗜吃竹筍、柑橘、檸檬等類食物，身體所反應的結果可能是四肢冰冷、晚上無法入眠，或是工作時覺得力不從心，因爲沒有特定的症狀產生，也就不容易發現。從這來看，食物本身沒有對錯，所謂的一利一害也只是吃對和吃錯的差別。

還有一個在現代養生風潮下容易犯的錯誤，就是攝取量方面的問題。食物沒有錯，但是如果只因爲某種研究發現，或是新的健康觀點，甚至只是口耳相傳的小道消息，便全然迷信某種食物，造成飲食上的偏食，那反而對人體是一種百害而無一利的負擔了。

以黃豆爲例，被名爲「田裡的肉」，其豐富的蛋白質是無庸置疑的，近年來更因爲研究出黃豆富含大豆異黃酮，而被譽爲可以抗癌及女性更年期的聖品，但是澳洲新南威爾斯防癌協會所做的一項黃豆研究調查卻指出，大豆異黃酮會模仿人體內荷爾蒙的活動，對治癌藥物造成干擾，同時也會模仿男性的雄激素，增加前列腺癌症患者死亡的風險。這項研究當然還有不少爭議，不過同樣是黃豆，卻有此天地之別的結果，其利或害的差別在哪裡？答案就在於使用量的問題。也就是說，在日常生活中食用豆類製品，像豆腐、豆漿等是有益於人體，但若是大量服用萃取錠或膠囊類的健康食品，就可能會造成人體的負擔甚至有害了。

當一種有利健康報導成分經過傳媒放大後，不少人會因此增加攝取的機率和攝取量，同時健康食品的製造商也會開始推出某特別成分的萃取物，於是開始蔚爲風潮，對人體的害處也可能從此開始。

本書《牛奶，謊言與內幕》乍看之下就像是爲最近反乳類食品的風潮立論，細讀之後發現，作者出書的目的，是對於政府當局主張每人每天攝取三到四份乳製品的政策提出反思，目的只是希望大眾能合理的攝取乳製品（每人每天一份），當中引用大量的各種研究報告，包括牛奶與骨質疏鬆症之間的迷思、牛奶與各種病症包括癌症之間的關係等，可說是引經據典，相當具有可讀性。

我始終相信，沒有萬能的健康食物，只有適不適合的問題。了解自己身體的缺需，了解食物的各個樣貌，找到最適合自己健康頻道的飲食方法，遠比隨時尚潮流盲從某一類食物來得重要。只有不盲從才能尋得眞正的健康食物，千萬別讓自己被食物所駕馭，而成爲受害者。

（本文作者爲「甲子兒科」院長）

〈推薦序〉
我們都中了牛奶信念的毒

享利・日瓦（Henri Joyeux）

這本書對大眾健康只有益處！尤其它還走在時代的前端。把書從頭到尾看完吧。昔日牛奶愛用者的作者，在獲得大量的科學知識後，把事情完全搞清楚了。本書包含了科學證據和國際級的好資料，很難找到漏洞來攻擊作者的論點。衷心期望歐盟食品安全管理局（AESA）的專家們終將朝著保護消費者，而非企業家的方向提出建議。然而，龐大的乳品工業也牽扯其中時，我們知道要做到這一點可能比登天還難。

我們都中了牛奶信念的毒——這裡指的是所有的乳製品。國際性的牛奶遊說團企圖讓所有文明的人類擁有一致的飲食習慣，而在這場全球化效應中，他們極盡所能用一些不實或扭曲的論點，好創造出一支龐大的牛奶民族及堅定的牛奶信仰。例如，他們常說：「這種優格能讓你擁有細緻膚質，另一種會讓你苗條……」

醫界人士也中了鈣質的毒。有人使他們相信缺少牛乳製品，幾乎無法維持生命。所有藉著電視、教師、記者，和每天一杯牛奶、一片乳酪和兩罐優格的乳糖教授的集體促銷手法，都是在欺騙大眾。這個由廣告創造出來的「科學家」（乳糖教授），竟然大言不慚的說牛奶不是給小牛而是給人類喝的！一個聰明的小五男生告訴我：「幸好母奶不是給小牛喝的，不然小牛可能會開始說起話來。」

乳糖教授恐怕忽略了母奶內含七種生長因子的事實，它們除了能讓嬰兒在一歲時增加五公斤的體重，也有助於孩子的中樞（腦）和周邊（脊髓）神經發展，讓一歲的小孩開始說話，認得所有家庭成員，而且靈活敏捷。

牛奶內含的三種成長因子：ＩＧＦ、ＴＧＦ和ＥＧＦ，有助於小牛快速發展皮膚、骨骼和肌肉等組織，讓小牛在一歲時增加一百五十公斤的體重，但相對而言牠的腦子並沒有比出生時更聰明。

透過本書，讀者會了解到，過量攝取牛奶中生長因子的所有壞處：從過重到肥胖症，罹患糖尿病、乳癌和前列腺癌的風險增高，過敏反應，耳鼻喉堵塞，消化問題，罹患影響神經系統、皮膚、小腸或結腸與關節的自體免疫疾病風險增高。你們甚至會看到過量攝取乳製品，可能會讓骨質疏鬆症的病情更嚴重。

牛奶內還有雌激素和黃體酮，這是因爲擠奶時正值母牛的懷孕期，此時正是血液和牛奶中荷爾蒙分泌量最高的時候。女性若同時服用避孕藥，或接受更年期症狀荷爾蒙療法，便會對乳房健康造成威脅。牛奶裡的生長因子同樣也導致罹患前列腺癌的男性人數增加。在我們的癌症診斷處可以看到夫妻雙雙罹癌的例子：太太得到乳癌，先生則是在幾年後罹患前列腺癌。

至今依舊沒有證據支持動物奶是最佳的鈣質來源。人體器官對動物奶的鈣質吸收率最高爲百分之三十到三十五，但經由大量攝取新鮮蔬菜或以小火蒸熟的蔬菜所吸收到的植物性鈣質則有二倍多，達到百分之七十。新鮮沙丁魚、杏仁、新鮮香芹、綠橄欖、蝦、核桃和榛果、蒲公英、水田芥、無花果乾、蛋黃等食物，都是最有機的鈣質來源。我們完全可以在不食用過量乳製品的情況下吸收到鈣質。

當然，也別忘了我們的洛克福乳酪（有機產品含有較高量的鈣質）和有機羊奶小乳酪，它們平均含有二倍多的重要脂肪酸 omega-3，是神經系統功能運作不可或缺的營養素。最後，我們知道多虧了太陽，皮膚製造的維生素 D 大量參與鈣質吸收和骨化作用的過程。

如今我們可以確定的是，沒有任何嚴謹的科學證據能夠證明，爲了身體健康，我們必須每天攝取三到四份乳製品。所有公共衛生調查也指出相反的結論。不需要再等到新的數據出來，否則就太晚了。回到每天最多只攝取一或二份乳製品吧。

營養素將成爲最重要的藥品，這與我的同事尙・賽納雷（Jean Seignalet）在他的書《飲食或是第三類醫療》（*L'Alimentation ou la troisième médecine*）裡提出的看法相同。

有什麼事比傳達公共衛生訊息更困難？即使在最初證據就已經非常清楚，相關衛生當局還是要花將近五十年的時間，才下令禁止在公共場所吸菸。提倡母奶哺乳，這個不用花錢又能保證嬰兒和母親健康的方法，顯然違背了牛奶遊說團的主張。此外，本書提到的歷史部分也非常引人入勝。

送一本給你的醫生，他會把你照顧得更好！

（本文作者為蒙貝利耶醫學院外科腫瘤醫學專家）

〈作者序〉

拋開錯誤的觀念吧！

本書自二〇〇七年首度付梓出版後發生了什麼事呢？其實還眞發生了不少事，因此，我覺得應該在修訂版裡說明一下。

首先，乳品工業與它一群忠實的追隨者，再也無法防堵本書傳達的主要訊息：乳製品不僅對骨質疏鬆症沒有幫助，甚至會對人體造成傷害。這群團體盡全力舉辦會議，打宣傳廣告，做專訪，試圖消除本書帶來的影響。我發現這些嘗試大多裝飾得很巧妙。

另一方面，醫學與農業協會在二〇〇八年四月二日召開的會議，明顯以反對本書主題為導向，用扭曲的論點鼓勵大眾多多攝取乳製品。我當時不在場；不過，伊莎貝爾・羅拔律師（Isabelle Robard）曾針對此會議寫了一篇報告（見二八五頁〈附錄三〉）。醫學協會與農業協會公開肯定乳品的態度並不令人驚訝。醫學協會幾年前就曾經在禁用石棉前不久，闡述石棉並非極為危險的物質。至於農業協會則只是扮演好分內支持農業的角色，例如他們曾召開會議企圖說服大眾關於糖的好處，此舉至今仍令人無法忘懷。

而那些沒讀過我的書的科學家，常在支持乳品工業的會議裡，發表頗為微妙的評論與意見。我將這些評論意見集結在書末，同時給予詳盡的回覆。一般而言，乳品工業針對記者傳播「反乳製品的反攻言論」；例如，以下電子郵件爲康地亞（Candia）乳品公司發給一位正在調查乳品對健康的影響的記者。

寄件者：xxxx.fr
寄件日期：Tue, 23 Oct 2007 15:35:59 +0200
收件者：xxxx@xxx.com
主旨：補充資料

您好：

延續我們之前的討論，請參考附件對「反乳製品」的反詰。

（附件：反乳製品反詰_康地亞.doc）

爲了使人們相信乳品能有效防止骨質疏鬆，這份反詰論點不當的引用了二〇〇〇年一項研究的分析數據，卻沒有提到這項研究是由乳品工業贊助執行，並且「忽略」了其他六項獨立研究結論——攝取乳品對預防骨折毫無幫助。也許會有人認為那是因為它引用的資料太老舊，但事實並非如此，裡面還提到了二〇〇五年的一些數據。乳品工業及其打手曾指責我只選擇性的引用支持自己論點的研究結果，然而眞正使用這種手段的人卻是他們。我的做法與他們不同，讀者可以在書中（見第五章）找到迄今為止所有與乳品相關的研究結果，其中當然也包括由乳品工業贊助執行的研究結果。各位可以自行判斷是誰扭曲事實，又是誰詳述事實。

〈反乳製品的反詰〉內還隱藏了一些荒謬的錯誤，其中我最感興趣的是一個關於亞洲人的理論。為了反駁亞洲人乳製品雖攝取不多卻少見骨質疏鬆問題，乳品工業告訴我們，即使在亞洲，骨質疏鬆案例也有增加的趨勢，並同時提出香港的例子。但是他們忘了解釋，香港為前英國殖名地，飲食習慣早已西化，因此香港人攝取的牛奶量與西方人差不多。事實上，如同我在本書第六章「兩個中國」段落中（一一二頁）所提：隨著乳品攝取量增加，骨質疏鬆的例子也越來越多。這只是簡單的例子之一。

乳品工業也企圖讓大家以為亞洲人股骨頸骨折的例子較少，但是脊椎骨折卻較為常見。他們為了證明這個論點，揮舞著一份一九九五年於日本所做的研究。這又是另一個以偏概全的例子，因為一九九五年之後也有其他許多研究結果發現，中國、日本和其他地方的脊椎骨折率比起美國要低得許多。

既然大家都在列舉科學研究清單，我也在新版內加入近幾年對於預防骨質疏鬆症的研究。

從初版至今可以確定的一件事是：乳品仍然無法預防骨質疏鬆或股骨頸骨折！關於此點，請參閱本書第五章「衝向骨質疏鬆症！」段落（八二頁）。

除此之外，我會在第六章中揭發乳品業與支持他們的醫生常用來哄騙媒體、醫學界與大眾的疲勞轟炸戰術。他們不過是用「骨質密度」這個詞來取代「骨折」這個唯一有意義的指標，而沒有人看出其中奧妙。在閱讀完我對骨質密度所做的討論後，乳品工業想施放煙霧彈將會更加困難。

我在討論鈣質需求的章節新增了大量詳細的資料，因爲這主題就像「科幻小說」一樣充滿漫天想像。你們將在二四〇頁看到，從來沒有人對你提過，由世界衛生組織發布的人體鈣質實際需求：只需少量，甚至完全不需要乳品。

本版新增內容還包括各地讀者透過郵件或研討會中提出的問題，我也會在書末一一回覆。

最後，法國最新的乳品消費情況如何？答案是，不是很好。二〇〇七年二月，一項由農業部揭露的研究結果發現，法國人乳品消費量越來越少。二〇〇七年法國人每人每年攝取約三百七十一公斤的全脂牛奶，比起一九九七年減少了百分之七。乳品企業對大眾之所以對乳品失去興趣，提出了幾個理由做爲辯解：乳品漲價、飲食習慣改變，特別是「某些書籍與文章的宣傳」。總之，讓人欣慰的是，這世上還有一本書能夠稍稍對抗數百萬歐元的乳品廣告。

祝各位讀者閱讀愉快，身體健康！

目錄

第一章　前牛奶愛用者的告白

孩提時代，我非常愛喝牛奶。我常常站在古老的煤爐前，踮起腳尖，觀察加熱中的牛奶在鍋子裡微微滾動，用湯匙舀起表面柔軟的白色奶泡，而嘴唇總不小心被熱乎乎的奶泡燙到。曾祖母會將冒著熱氣的牛奶倒入鑲著紅邊的白色大碗裡，然後我會把塗抹了奶油的麵包浸泡在碗裡，形成一座座黃色的小島。

我和現在是藥師的哥哥，是在奧德省山谷區一個叫做阿萊萊班的小村莊裡長大的。村子廣場附近住了一位女士，從她臉上看不出歲月的痕跡。她養了一群羊，羊兒會在村子圍牆外的草地吃草。我只記得她的名字叫瑪莉雅；她只有在曾祖母提出請求時才會製作一種奶酪，完成後盛裝在玻璃碗裡，然後用布罩著放在窗台邊。她的奶酪是我吃過最美味的食物！每年五月的一個夜晚，我們會聚集在潮濕的小教堂裡望彌撒，教堂內迴盪著〈聖母頌〉。在感動之餘，我用眼角觀察那位老婦人；我相信全村的讚美歌都是爲她而唱，這是她應得的，因爲她的奶酪是如此的美味。

在那淳樸的年代，沒有人談論骨質密度或是骨質疏鬆症。當時，我們認爲由健康羊群所產的純淨奶水，足以讓我們保持身體健康。

乳製品當真不可或缺？

直到一九九〇年代中期，我才開始懷疑乳製品不可或缺的說法。從一九九五年起，我蒐集所有看到的、無論是正面或負面的相關科學報告，細心匯整資料，並持續訪談一些國際知名學者。

漸漸的，我得到一項驚人的結果：乳製品雖然美味，但除了幾個少數例子外，它的營養價值並不大；由於牛奶的營養價值不值一提，我建議就直接忘掉它的功效。

乳製品跟其他的鈣質來源一樣，能夠減低結腸癌罹患率。但是一些研究結果卻彼此矛盾，有些證實能降低風險，其他則否①。

事實上，即使哪天確定證實了牛奶的上述優點，它的作用可能也不大。美國《國家癌症研究院期刊》（*Journal of the National Cancer Institute*）綜合十個流行病學研究結果，指出與每天攝取少於七十克牛奶的人相比，每日飲用二百五十克牛奶，才能使罹患某類型結腸癌（並非所有類型的結腸癌）的機率降低百分之十五——而當我們從飲食中攝取最大量鈣質時，這項風險可以降低百分之二十二②；以流行病學的標準而言，降低百分之十五到二十二的罹癌率是不多的。

正當人們開始接受乳品能夠抵抗這類癌症的錯誤觀念時，二〇〇七年十二月的一份澳洲研究結果卻潑了大家一盆冷水。根據這項流行病學研究，成年人在兒童時期每日飲用二杯以上的牛奶，發生大腸癌的機率為其他人的三倍[3]。

當然，這項研究與其他支持乳品的研究一樣，都僅是把飲食習慣與某種疾病做了連結，卻無法對前因後果下結論。但是，這仍然造成了混淆。總之，如果乳製品真的能夠防禦大腸癌，保護作用應該也不高。

如同此書將在後面提到的，攝取如此大量的乳製品，也會同時提升其他種類癌症的罹患率。

然而，要避免罹患結腸癌，有比大量攝取乳製品更謹慎、更有效率的方法，例如多吃水果、蔬菜和全麥穀物。最近的研究數據是根據二〇〇六年歐洲前瞻性癌症與營養調查（EPIC）針對五十萬人所進行的調查，它指出高纖維飲食可以降低百分之四十的大腸結腸癌罹患率，是乳製品的二倍多。這項調查是目前全球此類研究中規模最龐大的[4]。

乳製品的第二項益處則跟它本身無關，而是跟乳類發酵後產生的細菌——乳酸桿菌有關。這些微生物唯一經證實的益處在於，它們能夠緩解感染性腹瀉及因服用抗生素所引起的腹瀉。某些比菲德氏菌（*Bifidobacterium*，或譯雙叉乳桿菌）也能預防潰瘍性結腸炎（一種慢性結腸發炎），舒緩腸道不適。但是，在多數這類的研究中並不是使用優格，而是膠囊或袋裝的活菌。

乳品工業表示，每天食用添加好菌的優格能夠解決所有人的消化問題，尤其能夠提升免疫力。這項片面之詞建立在極少數由乳品工業贊助的研究上，而這些研究又是在一些與超市截然不同的特殊技術環境下完成。此外，這些研究結果（如果眞有結果的話）遠遠不及乳品工業自稱的清晰明瞭。事實上，美國微生物學會（American Society of Microbiology）近期出版了一份與此主題相關的報告：沒有任何證據可以證明超市裡的昂貴優格有益於大眾健康⑤。

與一般認知相左的是，優格並非唯一含有這些益菌的食物來源。我們也可以在發酵食品和醃漬酸黃瓜、橄欖裡，找到大量益菌。此外，只要規律攝取水果和蔬菜，就有助於腸道益菌的平衡。最後，只有歐洲的消費者被說服，認爲要維持身體健康就得猛吃優格。在法國食品集團達能公司（Danone）的施壓下，法國人成爲全球吃最多優格的民族。一九八〇年，法國人平均每人食用八．七公斤的優格，到了二〇〇六年，每人食用量已超過二十一公斤。令廣告商失望的是，美國和加拿大人似乎較不受這種被行銷手法大肆渲染的觀念影響⑥。現在他們開始抗拒了（見下框）！

而乳製品的其他優點，像是增強免疫力，預防骨質疏鬆、體重超重、糖尿病和一些心臟血管疾病的論點，並未被有效證實。由醫生和官方組織的最高單位針對數百萬人提出的飲食建議，竟然如此缺乏科學根據，眞是令人驚訝！

本書在此首次為大家說明，依照健康衛生單位所建議每天攝取三到四份乳製品，不但不會減少罹患慢性病的風險，反而可能提高了風險。原因很簡單，這樣的乳製品攝取量在人類飲食歷史中前所未見，而且在生理上，我們的身體並不能適應。

比菲德士整腸菌與免疫乾酪乳桿菌：廣告不實啊，阿們！

二〇〇六年，法國達能集團美國分公司戴農公司推出了新優格產品Activia。隔年，又推出DanActive（與Actimel同級的產品）。

戴農砸下數千萬美元促銷新商品。根據廣告，Activia經證實能夠「改善腸道蠕動功能」與「調整消化系統」。電視廣告中，A女士向B女士保證只要她連續飲用Activia兩星期，她的脹氣問題將會改善。至於DanActive則「經臨床證明有助於強化身體防禦機制與改善免疫系統」。Activia內含的「比菲德士菌」（*Bifidus Regularis*）能夠調整腸道。DanActive內含的「乾酪乳桿菌」（*Casei Immunitas*）能夠刺激免疫系統。

就如同數百萬名美國人一樣，洛杉磯居民崔西．瑋納（Trish Wiener）非常關心自己的健康狀況，她相信了這些廣告傳達的訊息。她花了大把錢在Activia、

DanActive這兩種比其他優格至少貴百分之三十的產品。

數月之後，事實證明比菲德士菌並未減輕她的消化道問題，而是她的荷包。因此，瑋納到洛杉磯控告戴農公司。之後，跟她一樣受騙的數萬名消費者也加入她的行列。她的律師們強調指出，即便是達能集團贊助所做的研究結果，都無法證實這些產品對人體有實質幫助，而「比菲德士整腸菌」跟「免疫乾酪乳桿菌」兩個名詞都是由製造商創造出來，原因是這兩個詞「聽起來很科學」。

二〇〇七年，Activia在美國創造了三億美元的營業額。根據瑋納的律師透露，達能集團老闆法蘭克．里布（Franck Riboud）曾在一個與一些金融分析家的專訪中表示，Activia的成功並不在於產品本身，因爲大家都知道所謂的益生菌。這個產品之所以會成功，在於我們如何銷售，如何豐富產品行銷。」

採取防禦姿態的乳品工業

直到前不久，乳品營養師仍能輕而易舉的反駁自然療法師笨拙的控訴——牛奶會「污染」器官；他們會譏嘲的說這樣的控訴「不科學！」。

然而，二〇〇四年我和羅拔女士共同完成的《健康，謊言與內幕》一書出版後，局勢漸漸變成換邊發牌，眞實的科學實驗數據首次站在反方。乳品工業首度採取防禦姿態，被迫在網路上澄清所謂的「謠言」，並且在醫學會議中召開研討會來安慰一些因爲閱讀本書而信心動搖的醫生。

現在，我要再告訴他們一個壞消息——你們拿在手上的《牛奶，謊言與內幕》將大大激怒這群人和乳品營養師，因爲本書更進一步擴大延伸了《健康，謊言與內幕》（*Santé, mensonges et propagande*）中所提到的論點。我藉由撰寫本書，繼續達成此野心勃勃的目標：終止乳品工業的宣傳手段。

我必須說，我認爲平日在用餐時攝取優格、乳酪和一杯牛奶是可以的，我也會是那個第一個拿鄉村乳酪佐紅酒的人。在身體能夠消化、免疫系統能夠承受的情況下，我不認爲每天攝取一份乳製品對身體有害。

沒錯，要爲了樂趣而食用，而不是因爲受到規範。我認爲繼續用維持身體健康這種藉口鼓勵民眾每天攝取大量的乳製品，是很不負責任的。

出版此書是因爲文字能夠被留存下來，幾年後，當不可避免的結果公布時，大家必須自問誰需要承擔責任。

屆時，我們可不能推說「不知道」了。

驚人的統計數據

1. 法國乳品工業集團的總收入超過二百億歐元，占歐洲生產量百分之十六、全球生產量百分之五。
2. 乳品工業的收入占法國農產業百分之二十，直接雇用十八萬人。
3. 乳品工業是廣告花費最大的農產業。
4. 每位法國人平均每年飲用相當於三百七十一公斤的全脂乳品。

第二章　牛奶最好？

所有父母認爲有益處的事物，事實上對我們都不是有利的：陽光、牛奶、紅肉和學校。

——伍迪．艾倫（Woody Allen）

乳品被業者、營養師和衛生單位刻意塑造成一種基本食物、理想食品。他們告訴大家如果不攝取乳製品，可能將過著骨質疏鬆的悲慘日子。

巧的是，十幾萬年來人類已經在大自然中驗證了這項說法的眞假。位於碧藍的東海海域，囊括了一百六十一座綠色島嶼的日本沖繩群島，就像座人間天堂。這不僅僅是因爲它擁有潔白的沙灘，它的居民還跟我們有些不同：他們罹患癌症、骨質疏鬆和其他退化性疾病的機率，比我們低三到四倍，百歲人瑞的人數也比西方國家多四倍，地球上最長壽的人類就在這裡！調查沖繩群島長壽現象的研究人員布萊德利．魏克斯（Bradley Willcox）表示：「平均每個美國人在生命中的最後七年處於行動不便的狀態，但是平均每位沖繩居民只有二．五年處於這種情況。」「沖繩居民不只更長壽，身體健康的時間也更長。」

沖繩居民的祕訣在哪呢？在百歲人瑞身上看不到飲食不均衡的痕跡，他們攝取以蔬菜類爲主的簡單飲食，熱量低卻有飽足感。「相反的，」魏克斯說：「食物與烹飪在沖繩文化中占有重要地位。」事實上，這項以沖繩居民爲對象的調查結果中，最令人訝異的訊息是：當地百歲人瑞一生中攝取的熱量雖然比西方人少，但若以重量計算，他們所吃的食物比西方人多！

讓我們舉一個例子：一個加了乳酪的漢堡重量爲一百克，但是卻含有二百八十卡的熱量，正好是沖繩居民傳統飲食一餐——炒蔬菜、糙米飯和味噌湯的總熱量，而它們的總重量爲五百公克，是乳酪漢堡的五倍。多虧這套飲食習慣，沖繩居民可以愛吃多少就吃多少，既不怕體重增加，又可以減緩老化。此外，與他們移居巴西的同胞的飲食習慣做比較，後者足足多吃了十八倍的肉類、二倍的豬肉加工食品、三倍的糖類和乳製品，但少攝取了三倍的蔬菜和魚類。後者攝取的總熱量比前者多了百分之三十，人瑞人數也比前者少了五倍。

這項研究沖繩百歲人瑞現象的負責人以他們研究對象的飲食習慣爲基礎，發展出一套減緩老化的飲食準則。我的朋友尚－保羅．克太（Jean-Paul Curtay）在一本最近出版的書中也提到同樣的準則。這套飲食準則與法國政府的飲食建議有兩點是相符的——減少食用脂肪及添加的糖類。因爲文化和經濟的因素，穀類及澱粉類已經成爲法國人的基本飲食，這在沖繩飲食習慣裡卻是不重要的。

那麼像乳製品這類幫助維持身體健康的理想食品呢？——沖繩居民的飲食裡並沒有包括乳製品。

沒錯，親愛的朋友們：最有益長壽與健康的飲食中，不包括乳製品。

居然有這種事！而我們一直以來卻認爲全世界的人都攝取奶類、人類有史以來就開始攝取乳製品，更認爲奶類食品是不可或缺的食品！

他們究竟是如何讓我們接受了這些觀念？

第三章　乳品業者如何讓你相信牛奶最好？

乳牛以葡萄爲食的那天起，我才會開始喝牛奶。

——法國老牌演員　尚・嘉賓（Jean Gabin）

一九五四年九月十八日，當時的法國總理皮埃爾・孟戴斯－弗朗斯（Pierre Mendès-France）在廣播電台宣布：不久每位小學生每天將可以享受一杯加了糖的牛奶，好讓他們「更用功念書、身體更強壯有力、更有活力」。這是法國第一個國家營養健康計畫。二〇〇一年提出「遠離脂肪，多一點牛奶、馬鈴薯和麵包」的版本幾乎同具啓發性。一九五四年十一月二十六日一份行政通函宣告，所有公私立學校一年級的學童，自隔年一月一日起在學校可以享用加糖的牛奶。

這項政策留給好幾個世代的人深刻印象，它教育大家牛奶就像水一樣不可或缺，同時也開啓了乳製品今日的廣大市場。

如今回想起來，把糖跟牛奶一起分發的做法，讓所有跟我一樣多年來一直呼籲我們過量攝取糖及牛奶的人覺得特別有意思。

讓我們回到弗朗斯。一些明智的政府官員如何說服自己和民眾認同乳製品的重要性如同水、水果跟蔬菜？難道攝取乳製品跟攝取水、水果跟蔬菜一樣，都是人類自古就有的飲食習慣？

事實上，在演化歷史約七百萬年的過程中，人類唯一攝取的奶類是母奶。而要了解牛奶的地位為何會無可抗拒的爬升的原因，只要回溯到幾千年前。

乳製品是人類在新石器時代開始畜牧時出現的，但是只存在於全球少數幾個地區。一萬一千年前，人類開始飼養綿羊，並且約在一千年後開始豢養山羊和牛隻。人類最早食用乳製品的證據，出現在約六千年前的英國陶器上。

六千年、一萬年好像很久，但是跟七百萬年的人類演化史相比其實不算什麼。將兩者做比較，如果我們將這七百萬年演化史比喻成從一月一日到十二月三十一日，奶類的攝取便是從十二月三十一日傍晚開始的。

攝取乳製品的習慣，並非真的從「人類史初期」就存在。乳製品雖然是近代才納入人類飲食習慣中，但乳類的攝取使人類基因產生漸進的改變，造成了重大後果。

人類的基因大多是歷代累積演化而來，當我們讀完這本書，將會了解乳製品就如同食鹽、糖、穀類和食用油等，這些在新石器時代才進入人類飲食習慣的食物一樣，並不能完美的被人類的史前基因吸收。

領導變遷的動力：巴斯德滅菌法與冰箱

新石器時代之後，人類飲食生活與乳製品的關係把歐洲分成兩部分。根據歷史學家布魯諾．羅修（Bruno Laurioux）的說法，在北歐有「食用奶類的民族」或是「不種穀物，以奶類和肉類為主食，穿著獸皮的野蠻人」⑦，南歐人則像古羅馬人，以農人為主。羅修說，中古世紀時期時「儘管乳製品成為日常飲食的一部分，但是經常食用被視為窮苦的表徵。在許多人眼裡，這象徵某些被鄙視的落後部落人民。」

如果你是法國南部人（巴斯克省除外），你很可能跟地球上大多數的居民一樣有消化乳品的問題。但就算你屬於可以消化吸收乳糖的人，也已經習慣每天攝取三到四份乳製品，仍不應該相信你的祖先有相同的飲食習慣。

牛奶直到十九世紀末期仍不普遍。儘管當時的鄉下人攝取乳類食品，但當時仍普遍認為直接飲用很危險，尤其是對幼童來說，因此他們會用牛奶製造奶油或是乳酪。乳製品中含有許多微生物，有「變質」的缺點，更何況是那些在攤子上摻了水的牛奶。一六〇七年出版、有關烹飪及營養的《健康寶庫》（*le Thrésor de santé*）要人們謹慎攝取乳類食品，並忠實描述乳糖不耐症的症狀——奶類會凝結在冷胃內，黏聚在一起，甚至開始變酸，還會脹大，使腸道脹氣。

當時的醫生甚至指責乳類會散播痲瘋病，教會也禁止人們在齋戒日（根據羅修的說法，一年有超過一百二十天的齋戒日）食用乳製品。文藝復興時期後，教會態度軟化，只要付錢就可以在封齋期間食用奶油。醫生們也突然發現乳類的益處。

十九世紀末期，由於肉類需求成長，鐵路公司同意運送液態乳，間接帶動酪農業的發展。於一八七一年臻至發展成熟階段的巴斯德滅菌法（Pasteurization），對乳類的飲用也有很大的幫助，一般也建議家庭主婦在飲用牛奶前先煮沸。

直到二十世紀冰箱出現，加上乳類運送和保存技術，以及冰淇淋的魅力，家家戶戶才廣見乳製品。一九五〇年代初期，乳類還是用鐵桶運送到零售商手上，但是在一九五〇年二月二十三日，政府強制規定每個居民人數超過二萬人的城市，必須販賣經過巴斯德滅菌、用封蠟封口的瓶裝牛奶。從此，瓶裝和紙盒裝牛奶的銷售開始越見普及。

瞄準兒童

就在同一時期，乳製品廣大的兒童市場就此展開。就從幼兒時期開始！對當時的農企業經營者而言，這是一個策略性突破，孩童時期養成的飲食習慣通常會延續一生。

一八五〇年美國首次製造出濃縮奶，十六年後在瑞士成立的英瑞煉乳公司（Anglo-

Swiss Condensed Milk Company）成爲第一家製造濃縮奶的歐洲公司。他們在幾十年間就增建了四間工廠，每天將數萬噸的牛奶加工成煉乳。一九〇五年，他們決定與製造嬰幼兒米麥精的競爭對手——設立於維偉市的亨利雀巢公司（Henri Nestlé），合併成爲雀巢公司（Nestlé）。

第一世界大戰期間，政府因爲軍需，對罐裝乳品需求量大增，因此所有乳品加工業在這時大量累積財富，包括美國、英國、西班牙和法國的農業區都加入生產，以應付需求。戰後，相關企業面臨市場需求下降的問題，於是他們聰明的轉而向媽媽們推銷給幼兒食用的濃縮奶。

暴力對待第三世界

乳品工業在已開發國家以委婉、謹慎的姿態，贈送免費樣品及禮物給護理人員，以達到推銷人工乳品的目的。但是在非洲和南美洲國家，這些宣傳手段卻是在光天化日之下進行。這個行爲導致母乳餵哺習慣漸漸消失，嬰兒死亡率不斷升高，特別是因爲這些地區水源不能飲用，嬰兒乳製品也就無法沖泡。此外，這種嬰兒乳製品的配方也不符合在如此貧苦環境出生的嬰兒需要。根據世界衛生組織的調查，每年有高達一百五十萬名的嬰兒因為缺乏餵哺母奶，而遭到感染和營養不良死亡。

在一九三〇年代，雀巢公司推出一系列乳製品和需要搭配乳類食用的幼兒食品。到了一九五〇年代，尤其是一九六〇年代，醫院的婦產科陸續出現一些精心製作的廣告，目的是推銷替代母奶的配方奶。他們發送試吃樣品，賄賂醫護人員和藥師幫忙宣傳人造乳品。一些婦產科診所負責人還以參加「研討會」的名義，入住某些位於熱帶的高級大飯店。

那些沒有接受餵哺或少量餵哺母奶的嬰兒正適合補充人工乳品，而數量龐大的戰爭末期和戰後出生、今日被稱為「嬰兒潮」的兒童，則是接著要征服的市場。又正巧在這個時候，人們剛剛發明了行銷學和宣傳工具。

在校喝牛奶——英國的成功行銷案例

一九三四年英國的「牛奶法案」（Milk Act）開創了廣大的兒童乳品市場。一九二〇年代末期起，英國乳品製造商為了讓小學生們「認識乳品」，同時保證可以「戰勝營養不良」，於是在小學裡以極低的價格販售乳品。這整個運作以及使用名聲響亮的樣品贈送手法，十足出自行銷學。

由於造成轟動，製造商接著針對農業部展開密集遊說，讓農業部接手宣揚乳品的優點。當時一位企業家曾說：「牛奶不就是最理想的兒童食品嗎？」

英國德倫大學的研究員彼得・愛金斯（Peter Atkins）曾經在一篇文章中，描述這項效率超高的企業遊說活動是如何引導英國政府同意實行「在校喝牛奶」的措施。「在政治人物心中，為液態乳品製造商提供一個市場的經濟需求，勝過為缺乏營養的兒童提供營養補充品⑧，」愛金斯這麼描寫。

一九三四年十月，農業部宣布所有小學生每天將有一瓶牛奶可喝，補助後每瓶牛奶只要半便士。雖然這項措施並未得到所有政府官員與民眾支持，但是這項措施仍然被表決執行，且實施範圍更擴大到各級學校。

一九三九年，百分之八十七的英格蘭和威爾斯小學和百分之五十六的中學生，每天都喝一瓶由納稅人贊助的乳品，直到柴契爾夫人（Margaret Thatcher）於一九七一年中止了這場乳品業的派對。

柴契爾夫人此舉招來乳品業者在報刊上的惡意攻擊，他們替她取了「綁架牛奶的人」的綽號。

《衛報》（*The Guardian*）記者安・卡夫（Anne Karpf）在二〇〇三年十二月十三日的報紙上寫道：「今日我們已了解大量攝取乳品會導致健康問題，也許我們應該回過頭向柴契爾夫人致謝。」

一九七〇年，美國小學生總共喝了二十七億杯的牛奶

一九二七年，美國《好管家》（*Good Housekeeping*）雜誌在飲食建議中提到了乳品，這本期刊給媽媽的建議菜單有：

- 雞蛋芹菜三明治、小蛋糕、椰棗和牛奶
- 番茄三明治、薑餅、蘋果和牛奶
- 餅乾加花生奶油、奶油甜點、蘋果和牛奶
- 牛奶蛋三明治、焦糖布丁和牛奶⑨

「在校喝牛奶」的政策從英國越過大西洋傳到了美國！芝加哥在一九四〇年六月四日實行牛奶分發。伊利諾州的乳品業者受到英國同業行銷成功的成果吸引，密集遊說當

局，促使市政府強制執行這項措施。

起初，這項計畫的實施範圍只限於市內貧民區的十五所學校，每位學童只要花一分錢就能買到一瓶二百五十毫升的牛奶，付不起的學童可以享用免費的牛奶，由慈善機關和聯邦準備金擔保整個計畫的財務。

一九四〇年十月十四日，這項計畫範圍延伸到紐約市，起初有四十五所學校，然後很快有一百二十三所學校也加入。其他城市紛紛對這項措施感興趣，隔年四月計畫實施範圍包括：歐馬哈市（內布拉斯加州）、奧格登市（猶他州）、伯明罕市（阿拉巴馬州）、聖路易市（密蘇里州）和波士頓（麻薩諸塞州）的學校。

農業部爲了供應學校需求，對乳品業者公開招標。而從學生那裡收到的錢（每瓶牛奶一分錢）則按月轉交農業部。當實際的牛奶採購花費多於學校收到的錢時，就由美國納稅人支付差額。到了一九四三年，全美都實行了這項措施。

一九五七年，國會更把它延伸到幼稚園、托兒所、醫療中心、夏令營，還有「兒童教育和療養機構等非營利性組織」。

一九六六年，這項措施被納入「兒童營養法案」（Child Nutrition Act），依全國性計畫補助相關機構的餐廳。我們並不清楚這項措施是否眞的對學童營養狀況有正面效果，但這確實有助於提高乳品業者的利潤。

一九四六年，有二億二千八百萬瓶的牛奶被分發到學校，一九七〇年時甚至增加到二十七億瓶。之後，數量開始大幅銳減：一九八〇年時減至十八億瓶，一九九〇年時有一億八千一百萬瓶，到了二〇〇五年已經剩下不到一億瓶。從這些數字可以看出近來的行銷攻勢（見第四章）。

法國第一個國家營養健康計畫

弗朗斯在一九五四年十一月二十六日實行「在校喝牛奶」的措施。恰巧狄迪耶・諾瑞松（Didier Nourrisson）在他資料豐富的著作《祝您健康！第四共和國時期的教育和健康》（*À votre santé! Éducation et santé sous la IVe République*）⑩裡提醒我們這項措施的起頭由來已久。

一九二六年，巴黎成立了一個乳品營業處，成立目的與英國相同——發送牛奶到各所小學。接下來的幾年，法國北部和西部的幾個城市陸續實行這個從巴黎起頭的活動。一九三二年，農業部在乳品業者遊說團的友善壓力下，成立了國家乳品、奶油和乳酪宣傳委員會（這個名稱可不是捏造出來的！）。成立此委員會的目的有二：鼓勵食用乳製品，以及補助發送牛奶的機關組織。

弗朗斯在一九三二年當選厄爾省議員時，便非常認同當地乳品業者和小兒科醫生的論點：牛奶是成長中兒童最佳食物。在此我們必須了解，當時的弗朗斯正為厄爾省以及法國西部鄉下的酗酒問題所困擾。

而牛奶就像是葡萄酒和蘋果酒的解酒藥，這可能也促使國會在一九三七年十一月時提交一份條文，打算在居民數量超過五百人的市鎮內有制度的實施「在校喝牛奶」計畫。

弗朗斯為樹立模範，說服埃芙勒市市長喬治．喬凡（Georges Chauvin）於秋冬季節供應三分之一公升的牛奶給埃芙勒市的小學生飲用。這個措施由厄爾乳品協會和厄爾省贊助，從一九三七年十二月開始實行到一九三八年三月。在測量過小學生們的體重和身高後，一些小兒科醫生確認這項措施雖然為期短暫，卻對小學生們的成長有所助益。

戰後的法國人更需要強壯有力的臂膀重新振作起來，還有什麼東西比牛奶更棒、更有營養、更完美呢？乳品工業就是利用如此的論點，成功促使政府強制執行法國版的「牛奶法案」。

然而，幫助兒童成長並非乳品業者唯一的目的。我們可以看到一九四七年乳品工業一份摘要注記：「在居民人數超過五萬人的城鎮，如果我們給每個小孩二百五十毫升的牛奶，就會產生一億二千萬公升的牛奶需求。這麼做不但可以為兒童健康盡份心力，同時也鼓勵乳品的生產製造。」

弗朗斯在一九五一年將這項措施推廣至厄爾省的五十二個市鎮，財務贊助機構則是後來成爲乳品協會的厄爾省老夥伴。

「在校喝牛奶」活動的由來與經過

一九五四年六月十八日，法國在奠邊府戰役（Diên-Biên Phu）失敗後，弗朗斯被提名爲總理。之後他受命曾任職拉尼埃政府的羅傑・胡德（Roger Houdet）擔任農業部長，農業部祕書則由來自維埃納省的議員讓・哈法漢（Jean Raffarin）擔任。

哈法漢生於以畜牧業爲主的維埃納省，一九四四年任命爲農民合作社主任，一九五一年得到農民工會的支持當選議員；因此，他任職於農業部就如同所有農業遊說團進駐政府部門。

傑克－亨利・卡蒙（Jacques-Henri Calmon）在一本以弗朗斯爲主角的書裡，摘錄了維埃納省主要農民工會主席，在哈法漢任命的第二天所發表的部分演說內容：「農產業者認爲，在農業部裡有一個可信任、能力無庸置疑、並且與業者立場一致的人來訂定相關政策是非常重要的。我們認爲，我們的朋友哈法漢是達成這項任務的完美人選。這也是爲什麼我們建議他接受這個爲他打造的機會⑪。」

這一次，弗朗斯讓他一向重視的乳品業代表人物進入了政府最高階層，準備要獲得各種好處。

在這個重建時刻，新上任的總理對於部分年輕人任由酒精毀滅自身活力的情況感到憤怒，而牛奶將是這種毒藥的解毒劑！當年夏天，他集合內閣官員召開會議，目的在終止這種沉溺酒精的行爲。他在常去拜訪的美國，看到一些外表乾淨、守秩序的青少年在餐車式餐廳櫃台前點的不是酒精飲料，而是牛奶或奶昔！也許，當時他所瞥見的，就是一個有禮、喝優質諾曼地乳牛牛奶長大的美式法國社會。

一九四五年十月十六日，聯合國糧食及農業組織（FAO）於美國成立。而自大戰末期，法國政府諮詢的一些小兒科醫生也注意著來自大西洋對岸的健康訊息。

聯合國糧食及農業組織成立的宗旨爲：「爲遭戰爭摧殘的歐洲和日本人民提供食物援助。」但，你們知道總計一百三十億美元的「馬歇爾計畫」（The Marshall Plan）並未完全用於重建基礎建設、城鎮、交通網絡與工廠，而農業才是這個計畫的重心嗎？而又是什麼類型的農業呢？

在戰後的幾年裡，美國在聯合國糧食及農業組織內的影響力是很大的。大家一致認爲，健康的膳食應該要提供能量，含有豐富優良的蛋白質，也就是動物性蛋白質。這是肉類、奶和醣類（糖和小麥）這種能夠快速提供熱量的食物的一大勝利，它們於是成爲歐洲農業重建的大方向。而醣類和牛奶至今仍是每日飲食建議裡的重要養分。

有兩個人物對一九五〇年代的歐洲食物和農業政策新方向具有重大的影響力。身爲藥師和合格化學師的法國人馬歇．奧特（Marcel Autret）在興趣轉移到食物以前，曾在巴斯德研究院（l'Institut Pasteur）工作。一九四九年奧特進入聯合國糧食及農業組織工作，他無法想像缺乏動物蛋白質的優質膳食將會是如何。對他而言，缺乏蛋白質是戰後社會主要的營養問題。他相信植物裡缺乏蛋白質，主張增加牛奶和肉類的生產與攝取。他參考美國的情況，提出一個奇怪的想法：攝取越多這類食物的國家越富有。

歐洲需要奶與糖

而在美國，一談到飲食健康問題，最有影響力的人莫過於一九四二年創辦哈佛大學公共衛生學院營養系的菲德烈．史岱爾（Frederick Stare）博士。史岱爾跟奧特一樣並不太重視水果和蔬菜（「水果和蔬菜不是不好，但是光靠三片蘋果和一片菜葉怎麼活呢？」）。他認爲只有奶和糖（「一種熱量高的食物，建議每天飲用三到四杯加一塊方糖的咖啡」）才能讓人「重振活力」。

這是可以理解的，史岱爾成長於美國乳品生產大州威斯康辛州，該州的徽章上有代表牛奶和糖的乳牛和楓葉。戰爭末期他曾被派往荷蘭，當時他還是個年輕醫生，配有兩間活動實驗室，任務是研究如何在這個被敵軍占領五年、因物資缺乏導致約一萬人死亡的國家，養活倖存的飢餓人民。他認爲這至少有兩個解答：牛奶內的蛋白質，以及糖所提供的熱量。這正是康復中的歐洲人民所需要的。

一九五〇年代初期，史岱爾公布一些營養建議，其中一項爲每天飲用一到兩杯加糖的牛奶。諾瑞松在他的書裡引述一九五三年法國期刊《兒科》（*Pediatrics*）中的文章〈學齡兒童攝取牛奶的最適模式〉。該篇文章提到：「每天早上十點和下午四點，供應一杯加了三到五公克糖的全脂牛奶，熱量總計二百卡路里，冬天時則要供應熱牛奶。」

史岱爾在波士頓爲糖辯護，認爲糖是一種提供能量的營養素，容易製造生產又經濟，能夠「解決地球上一些國家的食物問題」。他還建議依緯度在部分的土地種植甘蔗或甜菜。

我們來看看一九五四年夏天非農忙期間，弗朗斯和哈法漢對此建議做出了何種回應：他們把收成的甜菜製成糖而非酒精飲料，供應法國和納瓦拉的學童搭配牛奶飲用！弗朗斯甚至還象徵性的公開在議會台上飲用牛奶。他參訪美國時，還在國際媒體的鏡頭前接下一杯牛奶。雖然這個鏡頭是在美國拍的，但姿勢卻是擺給全法國人民看的。

聖塞雷的文具書商皮耶．布熱德（Pierre Poujade）終於看不下去了；布熱德領導一個由店家與工匠組織的反國會民粹運動同盟。由於弗朗斯是葡萄牙裔猶太人，布熱德措辭謹愼的寫信給總理：「如果您的血液裡流有一滴高盧人的血液，身爲世界葡萄酒和香檳大國的代表，您就不會在國際招待會上接下一杯牛奶！弗朗斯先生，所有法國人不管他是否是酒鬼，都在這天被賞了一記耳光。」

一九五四年十一月二十六日，一份政府通函明白宣告：自隔年一月一日起，將分送牛奶跟糖給全國學童。另一項法令則是規定，軍人每日配糧裡必須加上八分之一公升的牛奶。政府將全權負責此案大部分的支出。

諾瑞松找到弗朗斯在這份通函裡用的話：「這項措施將有益於我們孩童的健康，也有益於幫助銷售部分國內的乳品和糖。它將逐漸改變舊有的國民飲食習慣，攝取牛奶跟糖足以維持我們種族的健康與活力，而在鄰國和相同族群的國家人民，牛奶跟糖都是日常飲食的一部分。這也是一種社會的進步。」

一九九七年，農業部長路易．勒彭賽克（Louis Le Pensec）承認，弗朗斯政府經由「在校喝牛奶」政策的實行，來達成下述目標——「以創造兒童的飲食消費習慣，來刺激牛奶和某些乳製品的消費」⑫。

藉由消費牛奶，一方面減少牛奶庫存，另一方面改善健康狀況。弗朗斯和哈法漢這兩個目標之一將有一項無法達成。猜猜是哪一個（見下框）？

法國南部人差點打翻了牛奶！

法國南部的參議員不怎麼欣賞弗朗斯政府提倡的「在校喝牛奶」措施。在討論農業預算時，葡萄種植業者遊說團槓上了乳品業者遊說團。一九五四年末，前者提出了一項修正案，希望小學生在學校停止喝牛奶改喝果汁！但這項提案最後遭政府否決撤回。

提供給學童的，將會是牛奶而不是果汁。

第四章　乳品業者如何收買政府、醫界與科學界？

這些來自牛奶銀河的異形入侵者。目標：地球。目的：讓我們攝取最大量的乳製品。大衛．文森（David Vincent）發現了他們。現在他知道入侵者以人類的外型存在，說服懷疑的大眾相信他的惡夢已經開始了。

——改編自影集「入侵者」（Invader，派拉蒙，一九六七年～一九六八年）

從一九六七年一月十日至一九六八年三月二十六日，CBS電視台播放的《入侵者》影集造成一股信仰狂熱。法國觀眾從一九六九年起在ORTF的第一頻道觀賞到這部影集。著名的情節：建築師大衛．文森在一個晚上企圖抄近路卻迷路了。在一片田野中，他目睹了一架飛碟降落。隔天，他試圖警告相關單位，但是那晚在附近過夜的一對年輕新婚夫妻卻沒有注意到任何異狀。儘管如此，大衛．文森發現那位先生的小指異常僵直……那正是能分辨出我們身旁的外星人的唯一特點。

如同影集裡的外星人，其他的入侵者也從一九六〇年代末期開始出現在我們身邊——乳品工業的代表與爲他們工作的醫生。但是你幾乎無法從任何特點，區分出他們是入侵者或是一般的醫生跟科學家。他們散落在官方機構、政府組織、科學或醫學研討會、媒體、教育展，或是學校裡。他們的任務就是讓我們盡可能攝取最大量的乳品。以下是這些人士在我們身邊出沒的蹤跡！

入侵者的繁殖是由每個國家的乳品工業大家庭主導。在美國，是由乳製品理事會（National Dairy Council）指揮。而在法國，國家乳品生產聯盟（FNPL）、國家合作社聯盟（FNCL）和國家工業聯盟（FNIL）三位大家長，也攜手爲這個目標共同努力。

以這些美好的聯盟組織爲神聖基礎，架構出一個乳品神話的傳教組織——國家乳品經濟同業中心（CNIEL）。而這個中心還有一些小分支。

就拿一九八一年成立的乳品同業資料與文獻中心（CIDIL）來說，根據他們的信念，此組織成立的目的是：「藉著集體促銷宣傳計畫來增加牛奶與乳製品的銷量。」乳品同業資料與文獻中心在醫生與民眾前替乳品說好話，並利用贊助一些醫學期刊特刊的機會，提醒眾人乳品中鈣質的優點，或是舉辦一些研討會。

由於乳品同業資料與文獻中心的成立目的太明顯，國家乳品經濟同業中心於是根據一九〇一年社團組織法，在一九九〇年代成立一個比較不引人注目的營養學研究與資料中心（CERIN），方便入侵者執行他們的任務。這單位的名稱聽起來很可靠，完全看不出跟牛奶有關，幾乎像是官方單位。如同本書初版提到的，它曾經成功引誘一些記者甚至是歐洲議會上當，誤以爲它眞的是個官方機構。儘管營養學研究與資料中心自稱是「幫助發展與宣揚飲食和健康相關知識的科學組織」，但實際目的卻跟乳品同業資料與文獻中心一樣：讓人們大口食用乳製品。

無所不在的牛奶銀河入侵者

入侵者的策略在於與醫生、科學家建立固定與密切的關係——這些人通常天眞的相信乳品的益處。當然乳品工業也要跟一些公家單位保持同樣密切的關係，於是它贊助了法國營養學會（IFN）大部分的財務。這個機構對政府部門有極大影響力，能夠拉近醫生、研究員和農產企業的觀點。法國營養學會扮演著交換中心的角色，成功結合學術界和產業界。前者代表發言，後者負責付款，形成微妙的平衡。

當法國營養學會主辦的研討會討論的是像腦的老化或體能活動這類無傷大雅的主題時，一切都沒有問題，但如果主題涉及那些法國營養學會出資者生產的轉化食品對健康的影響時，就觸及極限了。

法國營養學會在二〇〇六年時投入一個極具風險的行動：在它的網站上答覆消費者對食品與健康的二百個疑惑。這個組織表示：「這是一個寶貴的工具，目的是要讓大眾更了解食品的成分，它們對健康的效益與我們對營養的需求。」你幾乎可以預期此舉會慘敗，而結果確實是如此。

有關可能損害贊助者商機、引起騷動的主題：糖、精緻穀物、乳製品等，法國營養學會的答覆裡面，有時隱藏著農產企業的傳統說詞，甚至一字未改。是啊，我們怪罪那些幫他們捉刀的研究員——如果真有的話（法國營養學會解釋，網站回覆內容是由「來自各界的專家群」執筆）。可以想見寫出受法國營養學會的「科學家」認可的文章，內容會有多空泛，以及需要承受多少壓力。

即便是部分關切這個主題的人，在閱讀法國營養學會科學委員會所寫的文章時也會覺得很放心。然而，這個委員會的成員包括：家樂氏（Kellogg's）、達能集團、其實是糖品遊說集團的糖品研究暨資料中心（CEDUS）、雀巢、聯合利華（Unilever）與國家食品工業協會（ANIA）。這樣的組合實在很難讓人相信法國營養學會在網站公布的回覆會是「單純且客觀的」。

特別是對乳製品主題的回覆，他們把乳製品形容成就像是迪士尼的食物：很好、很完美，那些持相反意見的都是壞人。以下就是取自法國營養學會網站上的幾個例子：

問題：要達到完整鈣質需求，是否可以略過牛奶和乳製品？（見第十六章）

回覆：除非完全改變飲食習慣，不然非常困難。

問題：攝取鈣質是否會使體重增加？（見第十二章）

回覆：近期研究顯示，攝取足夠的鈣質可以避免體內脂肪囤積。（一字不漏摘自雀巢公司的一篇宣傳稿）

問題：牛奶與乳製品是否與一些癌症的發生有關聯？

回覆：我們有必要扼止這個由一些偽科學大師傳遞的錯誤觀念；這可能會導致某些人放棄攝取主要鈣質來源，以及幫助骨骼礦化的基本食物。不論如何，我們都不能指控牛奶和乳製品與罹癌風險有關。相反的，我們建議每日攝取三份乳製品。

從一九九〇年代開始，常可在法國營養學會看見最有名望的營養學醫生，被乳品網絡奉承阿諛然後逮住，變成了入侵者。

就這樣，乳品製造商與銷售商在一些專業傳播公司的建議下，組成了「科學顧問群」。成立一個科學委員會只需要大約四萬歐元的資金。只要多花一千五百歐元，一些有點天真的醫生與研究員就接受加入這些組織，幫行銷活動做掩飾。任何企業家只需花五萬歐元就能擁有一個重量級的「科學委員會」。

康地亞公司在一九九〇年成立自己的「科學機構」，在其科學委員會中擺出具代表性的人物。舉例來說，在二〇〇〇年初，就有七位研究員，包括一位參與數個世界衛生組織工作小組的日內瓦醫生，同時也是國家農業研究院（INRA）的鈣質專家、對法國民眾提出鈣質建議的作者，以及法國國家營養健康計畫委員會（PNNS）的老闆。

一直要到《健康，謊言與內幕》與《牛奶，謊言與內幕》先後於二〇〇四年與二〇〇七年出版，揭露這個驚人的利益衝突狀況，才讓法國國家營養健康計畫委員會的最高負責人終於離開康地亞公司的科學委員會！

「鈣質為骨骼健康的主要元素，乳品怎麼喝都不嫌多」的概念，為支持康地亞公司科學機構的主要經濟基礎，成為乳品製造業者行銷活動的科學藉口。此機構的編輯寫了一封信說明牛奶鈣質的好處，再隨信附上一些文章與專訪，寄給記者與醫生，並且直接為康地亞產品拉客。

與康地亞公司一樣，達能集團在一九九一年成立的「科學機構」也擁有一個由十三名成員組成的委員會。二〇〇四年《健康，謊言與內幕》披露其中的成員包括了法國食品衛生安全局（AFSSA）局長。自此，他也跟這個委員會保持距離。

這些學者當中，特別是推廣鈣質具有策略性作用的醫生，不管他們是否與乳品工業有關係，肯定有不少人認為自己是在推廣正確的觀念。

被滲透的衛生當局

整個一九九〇年代就在衛生當局與乳品工業同步中前進。一九九九年六月，聯合所有美國乳品業者的乳製品理事會以學術交流的名義，推出一個超級乳品促銷計畫——「鈣質高峰會」。醫生與科學家都被付予報酬，受邀到場一起齊聲歌頌乳品鈣質。

乳製品理事會在二〇〇一年一月又理所當然的舉行「第二次鈣質高峰會」，以嚴正聲明鈣質對孩童與成人的重要性爲主軸加強宣傳。乳品工業爲這次的活動掏出了七十五萬美元，以感謝科學家的支持參與；第一個就是兒童健康研究院（NIHD）的大老闆，也是「第二次鈣質高峰會」的主席。

衍生自農業部、教育部與衛生部的法國國家營養健康計畫委員會，在一九九九年底時居然交給了康地亞科學委員會的一名醫生領導，而這名醫生卻不知道自己應該要與乳品業畫清界線。

隔年，法國國家營養健康計畫委員會設定了一個首要目標：增加每個法國人民的鈣質攝取量。要如何做到呢？主要透過「每日攝取三份乳品」來達成。由於成員包括了兩位康地亞高階主管、一位達能集團主管、一位康地亞科學委員會的醫生、一位雀巢科學委員會的醫生，與一位家樂氏公司的代表，法國國家營養健康計畫委員會便輕易的認可了這些建議。家樂氏公司雖不販售乳品，仍然積極參與促銷（不配牛奶怎麼吃穀麥脆片呢？！），就差媽咪諾娃（注：Mamie Nova爲安德魯食品公司〔Andros〕的乳製品品牌）的加入；她肯定忘了設定她的鬧鐘了！

二〇〇〇年法國食品衛生安全局負責對法國人民提出富含鈣質食物建議的撰稿人，正好是一位討人喜歡、能力很好的國家農業研究院研究員。不幸的是，因爲他與乳品工業頻繁往來，以致他的分析與結論有其盲點。他也是康地亞委員會成員，也曾經參與過一些倡導「入侵者的訊息」的醫學會議。

二〇〇五年，負責對法國人民提出營養建議的機構法國食品衛生安全局，其二十九位營養組專家中就有二十位一直與乳品工業有合作關係，十三位專家爲達能集團工作，就連身爲小兒科醫生的局長也是法國雀巢科學委員會成員。

當這些專家經由報紙、廣播、電視或是一些研討會對大眾發表意見時，儘管法律規定他們必須公開與產業界的關係，大眾卻還是不知情。

部分醫生變身為入侵者

乳品工業非常積極參與某些醫生會出席的場合，如營養資訊年展（Diétécom）、法國醫療年展（Medec），或比夏醫學年會（Les Entretiens de Bichat）。與醫生、記者以及特別是大眾的認知相左，這些醫學大拜拜其實是營利活動，非常有利可圖，因為其中大部分的會議與工作坊都是由外界贊助與支持。乳品工業為一場討論鈣質益處的會議所花的成本視情況約為二萬至五萬歐元，外加主講醫生二千到三千歐元的報酬。一位專辦這類活動的行銷公司前經理表示：「辦這些研討會可說是一種道德上的欺騙。」「宣傳主軸是由行銷公司擬定。譬如，當一個食品的形象，比如牛奶，被媒體不當報導時，行銷公司會以研討會或有目標的行銷活動，設定補救策略。參與其中的教授與那些會後重複宣傳的記者都被利用了，因為前者能夠得到的財務利潤不多，後者則什麼都沒有。」這位經理說：「行銷公司評估這些報刊文章、訪談、媒體節目為客戶帶來的收益，就相當於一支廣告，但成本卻低廉許多。行銷公司因此不知羞恥的賺進大筆利潤。」

二〇〇二年營養資訊年展展覽期間，蘭特乳品（注：Lactal International集團是歐洲第一大乳製品製造商，舉凡鮮奶油、乳酪皆享譽全球，旗下主要品牌為President總統牌）就這樣邀請法國國家營養健康計畫委員會的負責人「來談委員會的宗旨，另外特別讚揚一下乳品」。任務完成。

而乳品同業資料與文獻中心在二〇〇六年法國醫療年展的重要目標，是消除《健康，謊言與內幕》一書出版後，對乳品造成的負面影響。乳品同業資料與文獻中心贊助一場主題爲「牛奶與健康：謠言、眞相與科學新知」的會議。四位醫師中，有三位媒體熟悉的主任醫師被煽動出席，目的是平息該書出版後，醫界對乳製品效益的憂慮。他們所做的努力全白費了——《牛奶，謊言與內幕》出版後，一切都必須重頭再起。

二〇〇七年的比夏醫學年會，優沛蕾（Yoplait）贊助了一場討論骨質疏鬆的研討會，主講人爲康地亞科學委員會的瑞士籍教授。會議主旨：說服媒體乳品眞的能夠預防這項疾病。好像有人會懷疑一樣！但是當Canal+電視台組員試圖進入會場拍攝這場難得的乳品業聚會時，會議大門突然關閉。

二〇〇八年的營養資訊年展邀到超過四千位醫生與營養學家，參加三月九日由一位康地亞科學委員會委員與一位國家農業研究院研究員主持的會議。這次也一樣，目的在於扼止本書初版上市後，媒體對乳品效益的保留態度。兩位研究員提醒與會者「建議法國成年人每日應攝取九百毫克鈣質，青少年、五十五歲以上婦女和老年人每日則是一千二百毫克。這樣的攝取量能符合幾乎所有人的需求。成年人每日攝取不足八百毫克，或是青少年、五十五歲以上婦女和老年人每日只攝取約一千毫克，都被視爲攝取不足。」這裡更需要提醒的是，上述數據是由法國食品衛生安全局七年前設定，而且這場會議的主持人之一也參與了當時的鈣質攝取量設定！

到哪找如此大量的鈣質呢？不用懷疑，答案肯定是：「牛奶與乳製品無庸置疑是最重要食品鈣質來源。」這個會議細心準備的三部曲的最後一部曲：不攝取乳品是否仍能滿足鈣質需求呢？答案：「理論上，選擇含鈣豐富的飲食能夠增加鈣質攝取量。所以，含骨的小魚（沙丁魚）、甲殼動物、杏仁、富含鈣質的綠色蔬菜、核果、果乾和含礦物鈣質的水，都能夠滿足一天一千毫克鈣質的攝取量。然而，要用此種方式達到鈣質攝取的目的不但不容易，長期攝取以及特別是攝取量增加時，還會造成問題。事實上，除了花椰菜和甘藍菜外，這些植物性鈣質來源常含有諸如植酸或草酸等抗營養因子，使鈣質無法溶解，不容易被身體吸收。此外，其他成分（像是水裡的硫酸鹽）會增加鈣質從尿液中流失的機率。因此，需求量會增加……。儘管理論上不需要乳品也能夠攝取到足夠的鈣質，但實際上要做到不但不容易，還會有風險！」

請各位想想幾千萬年來（在入侵者抵達地球前），哺乳類（包括人類）如何滿足了自身的鈣質需求，保有骨骼的健康，在斷奶後並未攝取任何達農或優沛蕾優格，也沒有飲用康地亞和蘭特牌牛奶。這應該要歸功於演化的奇蹟吧！啊，我忘了提，這個會議是由營養學研究與資料中心出資舉辦的。

要知道營養學研究與資料中心勤於與醫學界聯絡。它編印一些小冊子，例如《補充鈣質，一生不能停》，放置在醫院候診室這類場所。關於鈣質攝取來源，這本小冊子其實只專注在乳製品上，十二頁裡就足足提了六十二次。這還不是全部呢！營養學研究與資料中心的戰績還包括：讓歐洲共同體贊助此牛奶頌歌，也就是說錢是來自各位繳的稅！太棒了……

營養學研究與資料中心與乳品工業當然也與衛生部、法國健康教育委員會（CFES），甚至是國家老年保險金管理局（CNAV）取得合作。它們打著公家單位的名號，聯合出版了一本小手冊，警告大眾鈣質缺乏的後果以及乳品對所有年齡層的必需性。

像是《飲食平衡》這本專門針對退休年齡層的十六頁小冊中，有超過五頁的內容在介紹一些「以令人愉悅的方式增加鈣質攝取」的食譜。（附帶的也增加了乳品業者的營業額）。退休人士因此將政府掛保證的飲食平衡菜單記在心上，像是牛奶南瓜湯、熱牛奶加橙花蜜、乳酪點心，還有羊奶酪塔等。

這些為退休人士做的宣導小冊上印有營養學研究與資料中心的標幟，而二〇〇一年十月出版的一份標題為《老年人飲食與預防骨骼疏鬆》的文宣雖然外表相似，卻印著如國家營養健康計畫、互助暨就業部（Ministère de l'Emploi et de la Solidarité）、衛生部、衛生總署等官方單位的抬頭。這本官方小冊是由營養學研究與資料中心營養處負責人與圖爾的一位風濕病學教授合編。手冊裡僅簡短介紹這兩位為「巴黎的營養學家」與「老年醫學專家」，然而後者還是達農集團科學委員會的成員。對於這份文宣裡，客觀性不容爭議的主旨都圍繞在乳製品的必要性，就不需感到驚訝了。「牛奶」與其代名詞在這份四十五頁的文件裡，就出現了九十八次。這份官方手冊還建議了九道乳品食譜，其中又出現一種「牛奶濃湯」，或另一種「洛克福羊乳酪舒芙蕾」。

法國健康教育委員會，就是當局，也與營養學研究與資料中心合作撰寫了一些文章，部分刊登在營養學研究與資料中心的刊物內，譬如一九九九年一份以肥胖症為主題的文章。大家一定會認為營養學研究與資料中心要在當局的注視下，很難將它的乳製品加入以肥胖為主題的文章內。其實並不難。要打擊肥胖症，文章裡推薦了不同的食品，第一個就是乳製品。那些正在節食的人需特別注意「鈣質攝取的缺乏。三餐必須攝取乳製品，如牛奶、乳酪、優格、牛奶甜點，來滿足鈣質需求」。照著建議的食譜做，「攝取鈣質也能不變胖」。

營養學研究與資料中心與官方的合作，也延伸到地方衛生部門的營養教育，像是由羅亞省社會與醫療保健局策畫的「居家照顧者的飲食營養教育」。

受催眠的大眾

乳品業顯然非常喜歡使用以科學為掩飾，能夠觸及大眾的表演。像是二〇〇一年十月十六日到十一月二十一日在法國科學工業城（注：Cité des sciences et de l'industrie為歐洲最大的科學博物館）進行的「骨骼之旅」展覽，就是如此展開的。

對大眾來說，展覽有營養學研究與資料中心的背書是令人安心的象徵，但是我們發現，展覽幕後的操盤手竟是一個推銷乳品的宣傳組織。它們所謂的骨骼之旅是什麼？骨骼是活的組織，由製造白血球、紅血球與血小板的骨髓，以及以下各種細胞構成：醣胺多醣、醣醛酸、蛋白多醣、膠原蛋白、礦物鹽、各種蛋白質、水等等。但是，對展覽主辦者而言，骨骼的組成成分被簡化成單一的礦物質：鈣質。這樣一來事情簡單多了，尤其更為實用：「這個展覽的目的是藉由營養學家主持解說，隨著鈣質在體內的路徑，從飲食到骨骼，了解它在每個年齡層扮演的角色，以便有效預防與老化相關的疾病，並且幫助你善加管理鈣質資產。」

隨著展覽的進行，大眾了解到骨質疏鬆是「不幸但並非不可避免的」。為了彰顯膳食鈣質的重要性，這個論點相當完善；但並不是所有鈣質都有同等價值，因為「所有含鈣食物的含鈣比例都遠低於乳製品」，說明了「由於乳製品鈣質含量如此豐富，因此營養學專家將它專門分成一個類別；要滿足鈣質需求無需精心計算，只需遵循一個簡單的規則：一餐攝取一種乳製品」。為什麼要限制乳製品的攝取呢？「況且乳製品還含有高品質的蛋白質以及許多維生素。」這場非常科學的展覽正好得利於幾個科學家的參與，其中包括由營養學研究與資料中心在二〇〇八年的營養資訊年展所邀請的兩位國家農業研究院專家。

另一方面，乳品同業資料與文獻中心也資助受研究部和文化部支持、專爲乳製品宣傳的展覽，例如有著吸睛場布的「日常生活與牛奶展」，兒童透過展覽了解牛奶是成長與健康的同義詞。爲了不破壞展覽歡樂的氣氛，主辦單位當然不會提到喝牛奶可能會罹患糖尿病的風險（見第十三章）。乳品同業資料與文獻中心也是位在南特以牛奶爲主題的「牛奶星球」遊樂園的合夥人之一。

除此之外，乳品工業也對我們未來的消費者非常感興趣！乳品同業資料與文獻中心沒有遺漏學校，還架設了一個專門給教師跟小學生使用的網站，成功邀請教師（以低廉的價格）訂購大量卡片組、書籍、海報和遊戲等宣傳品，將資訊引進校園。還有針對一、二年級的學童所做的「長大，好個冒險」禮物包，裡面包含了：一本七十二頁的圖畫故事書、遊戲、一份給家長讀的「飲食與成長」資料、一份「教學」文件，還有一本小冊子，裡頭是科學家針對家長及兒童對「成長與鈣質」的幾個問題所做的解答。乳品同業資料與文獻中心也利用「教師講義」和「學生手冊」，邀請老師跟學生發現乳製品的滋味。

二〇〇六年春天，位於馬耶訥省拉瓦爾市的乳品公司拉克塔利（Lactalis）在小學餐廳裡散發一份不具名的十六頁小冊子《聽小花說故事》，裡頭的兩位主角分別是乳牛小花與乳糖教授。對拉克塔利公司而言，這份冊子的目的在吹噓牛奶的品質，與讓人相信乳牛享受美好的生活。乳牛小花是一頭諾曼地乳牛，「跟你一樣，也好奇想要發現牛奶的奧

小花與乳糖教授

祕」。乳糖教授則是個「總是心情很好的科學家」，他開心的祕訣是「每天早上喝一碗牛奶，吃一份乳酪和兩杯優格」。

小冊子一頁一頁把我們拉進乳牛小花的美妙世界，這頭快樂的乳牛與那些希望從牛奶裡得到好處的小朋友分享牠的優質牛奶。

二〇〇八年一月，乳品同業資料與文獻中心接續乳牛小花與乳糖教授這波熱潮，又到中學餐廳發放一本十六頁的彩色手冊，要學生們做個「性向測試」。所謂的性向測試，實際上問題都在早餐內容上打轉。我們了解到，它們繞了一圈還是在促銷乳製品。

兩頁圖文並茂介紹「各式各樣早餐」：圖中有一大盤奶油「奶油：提供熱量與維生素A」、一大碗牛奶「牛奶：冰的或熱的、原味或巧克力口味、加糖漿、穀類等……牛奶，讓人愉快！」、三片乳酪「乳酪：主要鈣質來源，感謝它對骨骼與牙齒的幫助！」，以及一杯優格「優格：讓你精神充沛」，而在奶油盤旁的角落有幾個被發配邊疆的水果。

此外，學校也是乳品促銷的重要目標。乳品同業資料與文獻中心爲此設立了Cliclait網站，塞給教師們一堆「文件、海報、字典，內容含括乳牛飼養與牛奶的教育性遊戲、乳品製造與技術、健康、營養、衛生、風味與品質、牛奶科學、牛奶歷史，經濟與乳品業等資訊」。這堂課的目的在於用類似北韓的教育方式，灌輸以下概念：「牛奶是最完整的食品」、「要擁有健康的骨骼，牛奶是不可或缺的食品！」

就這樣，入侵者的勢力進入課堂及政府部門。要如何辨識它們呢？很簡單。它們因爲擔心暴露行蹤已避免大聲宣示對乳品的熱愛，不過，它在連談到天氣時，都免不了會吐出「營養缺乏」、「鈣質」或「顛峰骨質量」這類詞語。如果有個陌生人跟你談到「普遍缺乏鈣質」、「攝取足夠鈣質才能建立顛峰骨質量的重要性」，請注意他的小指頭，他一定是入侵者！

第五章　乳品業者如何說服你永遠都缺鈣？

我們的國家營養政策已經被乳品業影響力收買。

——紐約康乃爾大學營養生物化學名譽教授　柯林・坎貝爾（T.Colin Campbell）

乳品工業已經成功說服醫生們牛奶是一種不可或缺的食品。因此，六〇年代時只消說出「鈣質」這個神奇咒語，就讓成長緩慢的牛奶消費快速起飛。醫學界自這個年代起就中了鈣質的毒。這麼說是因爲醫學界被說服西方國家正面臨一個嚴重的危機：解決鈣質缺乏引起的骨質疏鬆症的唯一藥方，就是攝取大量的乳製品。

以下是故事的始末。

一九一五年成立的乳製品理事會爲乳品遊說組織的源頭，該組織負責以乳品利益爲目標「教育大眾」。接著，一九四〇年十九個區域組織聯盟成立了美國乳品學會（American Dairy Association），成立目的在於推廣乳品攝取。

一九一六年，乳製品理事會成立一年後，美國政府發布了首批的營養建議：飲食分爲四大類食品，其中有「肉類和……牛奶」。然而，一九五六年時，美國政府在遊說團的施壓下，重寫了營養建議。五大類食品爲：「肉、魚、蛋」、「穀類」、「水果與蔬菜」、「脂肪」和「牛奶」。

從此，乳製品自成一類。

其他國家，特別是像是法國這樣依賴美國及其農業經濟模式做戰後重建的國家，也採取相同做法。於是，法國當局也同樣提出了五大類營養食物，牛奶也包含在內。

「爲什麼牛奶自成一類呢？」紐約大學教授瑪里翁．內斯雷（Marion Nestle）在《食物政策》（*Food Politics*）一書裡給了答案：「因爲有乳品遊說團在幕後推波助瀾。」

內斯雷說明整個事件的運作：「一九五〇年代，乳製品理事會在各大學校裡散發一本營養導覽，裡頭有一個含四大類食物的柱狀圖，而牛奶被排在最頂端。農業部改編了乳製品理事會的這本手冊，牛奶還是保留在原來的位置。」

農業部甚至超出遊說團的期望：遊說團只建議每天攝取二到三份的乳品，但一九五六年官方提出的營養建議卻將每日攝取量增加爲三到四份。法國也接著跟進。

在過去五十多年間，乳品工業對農業政策與政府營養宣導的影響不斷增加。自一九七〇年起，乳品工業界共同策畫著國際規模的活動，精心傳達一個訊息：已開發國家將會因爲鈣質補充不足，受到骨質疏鬆症的威脅。解決的方式爲何？當然是喝牛奶以及攝取乳製品！

衝向骨質疏鬆症！

要了解鈣質如何成爲骨骼與股骨頸的救星，必須要回到四十五年前。

長久以來，科學家始終知道骨骼會隨著年齡增長而礦化，同時受到健康狀況的影響。一九四○年代骨骼密度是透過X光來測量，但除非骨質流失高達百分之四十，否則這種方式無法明確檢驗出骨質疏鬆症。

因此，一九六三年時，威斯康辛大學的兩位研究員約翰．卡麥隆（John Cameron）與詹姆士．索倫森（James Sorenson）發展出一種藉由測量光子吸收量來了解骨骼礦物質含量的方法，這種方法沒有侵入性，容易應用，也不昂貴。剛開始，由於這種檢驗方式不夠準確，研究員只在流行病學與臨床病學研究骨骼疾病時使用。但是到了一九七○年代，美國人李察．馬蔡司（Richard Mazess）利用兩種能量光子束——雙光子吸收檢驗法（Dual Photon Absorptiometry）改善了這種檢驗方式。一九八○年代末期，這種檢驗方式再次演化：X光線取代了光子束，稱爲雙能量X光吸收儀（Dual X-ray Absorptiometry，簡稱DXA或DEXA）。

一開始，現代的骨質密度測量法只用在測量某些部位的骨質流失與骨骼的總鈣質量。但是一九六六到一九七三年間，數個研究結果發現了骨骼的礦物質含量與骨骼對衝擊的抵抗力間的關聯。醫學界得知這個新發現後，便具備了一種能找出骨折高風險族群、簡單且花費不高的檢驗方式。

若一種生物測量能定期使用，它就會成爲代表健康狀況無可爭議的指標，這種現象在醫界似乎相當普遍。我的美國同業蓋瑞．陶布斯（Gary Taubes）在其傑作《好卡路里，壞卡路里》（*Good Calories, Bad Calories*）中就曾指出，儘管缺乏明確的證據證明血膽固醇對梗塞與猝死的影響，血膽固醇儼然卻已成爲血管健康的重要指標。理由非常簡單，因爲實驗室早就知道如何輕易的用極少的花費來測出血膽固醇。

於是骨質密度檢測取代了骨折，成爲新的治安官，然而骨折的發生才應該是眞正的判斷標準。乳品業對這個檢驗產生高度興趣，不停對醫生灌輸骨質密度等於骨折風險率的想法。一九八〇年時，出現了另一個新的語義轉換：骨質密度在二十到三十歲間達到高峰，之後便無可避免的開始減少到容易發生骨折的程度。邏輯的推論：如果骨質密度從越高的程度往下降，骨折的發生率就越低。因此，必須不計代價在孩童和青少年時期建立所謂的巔峰骨骼質量，而方法就是多攝取乳品。

然而，光是強調幾個有爭議的相似論點與不可靠的片段數據，只能說它是個薄弱的假設推理。一九七九年，維勒米爾．馬特維科（Velimir Matkovic）與克里斯多福．諾爾汀（Christopher Nordin）在南斯拉夫出版了一個針對兩個群組所做的研究：A群組攝取較多乳品，B群組攝取較少乳品。前者攝取的鈣質爲後者的二倍，後者的骨質量較低。研究員使用X光人體測量法檢驗二百名不同年齡層與性別的人，得出兩個第二掌骨皮質骨不同區域數據曲線。這個曲線圖看起來非常有說服力：七十歲，攝取乳品鈣質的一組有較高的骨質量，相對另一組骨質量較低（曲線A）。但是同一份報告也明確指出，鈣質攝取量較高的人擁有較高的骨質量，因年齡增長導致的骨折發生率也較低。很明顯的，當時從這個研究得到的訊息是很有限的：乳製品攝取量是經由問卷方式針對一群取樣對象調查得到，骨質密度測量也針對同一群對象。這些數據與同區域針對其他對象調查統計出來的骨折發生數據接近。

然而，二〇〇一年一份嚴謹的美國研究否定了這張美麗曲線圖的結論——附屬骨的測量與女性骨折發生率無關⑬。儘管如此，馬特維科的研究仍將被視爲著名的巔峰骨骼質量觀點：在青少年時期盡量提高骨質量（最好是透過攝取乳製品），以降低將來骨折的發生率（曲線B）。馬特維科的名字將像印度斯里蘭干神廟裡的毗濕奴神，在乳品會議裡反覆受到吟誦。

一九八〇年代初期，一些親近乳品業的研究員利用這個研究結果，讓更多民眾認同巔峰骨質量與食品鈣質在建立骨質量上扮演重要的角色——羊群已經被趕到柵欄內了。

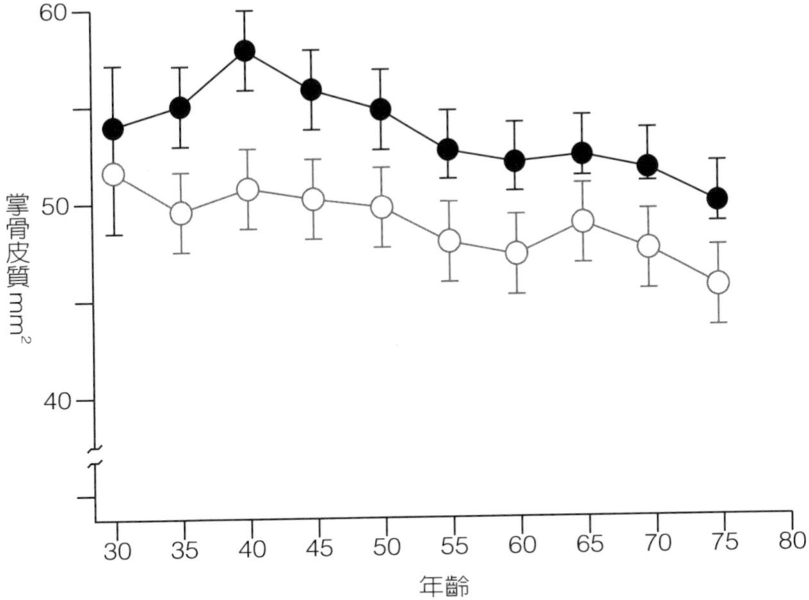

曲線A：兩群不同年齡男性掌骨皮質區的骨質量不同：在七十歲年齡，骨質量較高這組比起另外一組人保留較多骨質。

骨折低發生率＝五十歲時擁有高骨質量＝骨質量在二十歲達到巔峰＝更多的鈣質

也就是攝取更多的乳製品＝更低的骨折發生率

證明終了

然而，認爲鈣質在因骨質疏鬆導致的骨折中扮演重要角色的觀點，在當時並不普遍，但此現象並非缺乏科學數據所致。

一九四五年到一九八〇年這三十五年間，研究員和醫生陸續從事了大規模的人體與動物研究。他們找到證據，證實除非人體嚴重缺乏鈣質，不然來

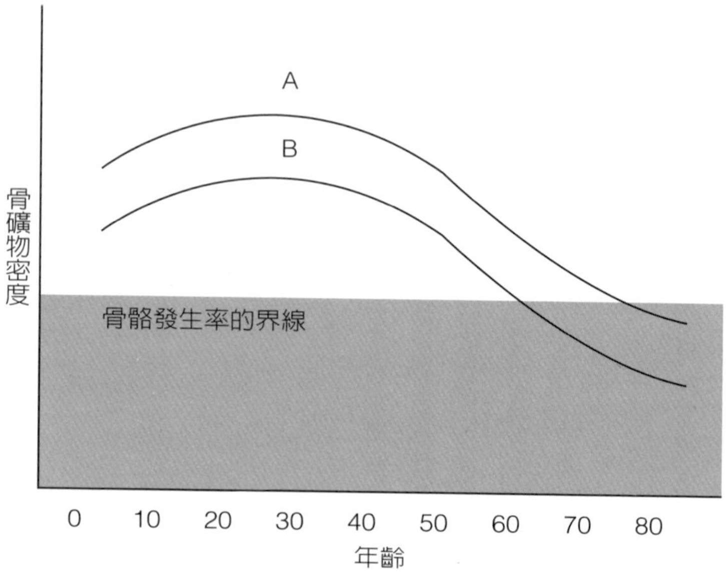

曲線B：根據這個理論投射曲線，考慮到隨著年齡固定流失的骨質，要預防骨質疏鬆，顛峰骨質量就必須提高越多越好。

自食物的鈣質對骨骼強健與否的影響只是次要的。

一九八二年，爲乳製品理事會工作的羅伯．西尼（Robert Heaney）企圖以一份引用文獻的文章，說服科學界同意鈣質與乳品的重要性⑭。不過西尼被迫承認：「大多數出版的研究結果都無法找到或是只能提供微弱證據，去證明食品鈣質的攝取與骨質量的關聯。」他補充說明：「沒有任何研究結果證明鈣質的攝取能夠直接影響骨質巔峰量。」

即使不願意，西尼也承認從鈣質平衡的研究發現，日常飲食就能滿足每人每日五百到六百毫克的鈣質需求。

至於一些介入性研究則是經由讓一些更年期婦女與患有骨質疏鬆症的婦女攝取鈣質補充劑，以了解這麼做是否能夠減緩骨質流失。西尼檢視相互矛盾的研究結果後，意識到「無法給出任何肯定的結論」。他最後還說：「同時取得的一些研究結果無法證明增加鈣質攝取量能夠治療骨質疏鬆症。」顯然經過這一連串多災多難的證明，也只能下此結論。

儘管剛剛得到令人沮喪的結果，忠心耿耿的西尼並沒有忘記他的雇主，於是他跳脫了科學，進入信仰的範疇，樂呵呵的做出結論：「我們相信，在衡量增加鈣質攝取的風險與利益之後，往上調整國民鈣質需求以及在主要食品中添加鈣質的政策，都得到明確的支持。」這句話說明白點就是：儘管乳製品提供的鈣質也許對預防骨質疏鬆症的效果不大，還是應該多多攝取。

六年後，環境對西尼更加有利，他因此大膽的明確表示：「人在三十五歲時，骨質量會達到顛峰。骨質量是影響骨骼強健與否的因素之一，而我們了解飲食與它的相互關係。**對骨骼而言，鈣質似乎是最重要的營養素。為了達到預防骨骼疏鬆的目的，每日應該攝取足量的鈣質**（一千至一千五百毫克）⑮」。

但是仍然有好幾年的時間，科學家的措詞還是萬分謹慎。例如，一九九〇年刊登的一篇文章裡，兩名加州大學研究員說明「在成長階段攝取大量的鈣質來維持鈣質平衡，以建立骨質顛峰量。這麼做可能有助於降低骨質流失時的骨折發生率⑯」。

一九九五年，作者們在另一篇分析鈣質對骨質量的影響的文章中指出，成長階段獲得的骨質量是「骨質疏鬆骨折發生率的重要關鍵。因此，在成年初期有可能是對骨質疏鬆發生風險造成重大影響的重要時期⑰」。

然而，對親近乳品工業的營養學家來說，原因顯而易見：從兒童時期開始攝取越多乳品，骨質顛峰量就越高，當然日後骨折的風險就越低。此訊息經過這些營養學家爭相不斷強調，而被大眾視爲是已證明的事實。「骨質顛峰量」與骨折風險的關聯（從來未受到證實），就這樣一點一滴建立在一些醫生的腦海裡。這兩個名詞變得可以互相替代，因此近年來骨質密度測量才會越顯重要。

鈣質的光榮時代

一九七〇年代末期，數個研究就已經發現停經婦女使用的荷爾蒙替代療法（針對五十歲以上婦女開立女性荷爾蒙處方）能夠減緩女性因切除卵巢、體內不再分泌荷爾蒙所造成的骨質流失。

一九八四年，由美國國立衛生研究院（NIH，等同法國的國家健康與醫學研究院

（INSERM））出面召開的一場會議中，與會的美國研究員一致同意荷爾蒙替代療法爲更年期女性預防骨質疏鬆「最有效的」方法，同時建議婦女接受骨質密度測量。

這個訊息完全順了藥品業的意。同年，從這場會議衍生出的一個超大宣傳，爲了引起大眾注意，誇大凸顯了骨質疏鬆症的風險。有些廣告也鼓勵婦女「盡早諮詢醫生」免得「爲時已晚」。對藥商而言，骨質疏鬆是個完美的疾病，因爲它直到骨折發生前都不會顯露出任何病徵。一九八六年，骨質疏鬆症基金會在藥品工業的資助下成立了。

乳品工業也在一旁扮演敲邊鼓的角色，強調除了藥物治療外，食品鈣質攝取對骨質量的重要性。一九八三年，美國國會在農業部成立了乳製品委員會（National Dairy Board）。此委員會任命三十六名乳品業者爲專業代表，任務是「推廣乳品的攝取」以消耗生產過剩的乳製食品。

同樣在一九八六年，美國食品暨藥物管理局（FDA）同意合成雌激素製造商的請求，在治療更年期骨質疏鬆症的用藥說明內，加上一條建議實行「鈣質豐富的飲食計畫」並搭配運動。

一九八八年，乳製品委員會推出一項名爲「鈣質讓你擁有優質生活」的宣傳活動。此活動意在告知五十歲以上的族群，攝取越多的乳品就能擁有更強健的骨骼，同時降低罹患骨質疏鬆症的風險。同年，乳製品委員會透過骨質疏鬆症基金會牽線，與藥劑實驗室舉辦了「國家骨質疏鬆症預防週」。這是史上頭一遭，乳品工業與製藥業爲共同的目的合作。乳製品委員會也藉著電視廣告傳遞訊息。骨質疏鬆症在廣告中被形容成是「一種令人痛苦且不便，並且會致命的疾病（……）但是你可以經由攝取富含鈣質的飲食與運動來預防這種疾病」。

同時，乳製品理事會，即乳品工業代表，也針對醫衛專業人員與一般大眾推出一連串的教育宣傳。一九八九年，它出版了一本小冊子《骨質疏鬆症：你有罹患風險嗎？》，邀請所有女性爲自己日常的乳品攝取量做評估，裡頭的評分系統會根據每人的攝取量評估未來骨折的發生率。

一九九一年，生產抗骨質疏鬆症藥品的法國博朗克藥廠（Rhône Poulenc Rorer）出版了兩本冊子，分別談骨質疏鬆症的預防與治療。裡頭含括了乳品工業與製藥工業雙方的重點：第一本冊子強調鈣質攝取、運動與荷爾蒙治療的重要；第二本則側重在荷爾蒙治療，以及博朗克藥廠以抑鈣激素爲主要成分的藥物。

同年，伊頓藥廠（Norwich Eaton，即後來的寶僑家品〔P&G〕）也依樣畫葫蘆，出版一本名爲《骨質疏鬆症：我有罹患風險嗎？》的小冊子，裡頭雖然加了「鈣質無法完全解決問題」這樣的話，卻還是可以發現它們不斷強調鈣質的關鍵與重要性。這份冊子跟乳製品理事會的出版品一樣，也附了計算個人風險因子的問答題與計分方式——然後你再決定要把自己的健康交到賣荷爾蒙或賣優格的人手上。

缺乏鈣質，跌倒會更痛苦！

要定義骨質疏鬆症並不容易。一九九三年，羅勒基金會（Rorer）與史克必成藥公司（Smithkline Beecham）隱身在一場由國際衛生組織（OMS）委員會舉辦的會議背後。這個委員會告訴衛生從業人員與一般大眾：骨質密度就等同於骨折發生率，因爲「年齡引起的骨質流失」也能「視同」是骨質疏鬆症。

爲了幫助民眾診斷出骨質疏鬆症，國際衛生組織推薦了數種X光骨質密度測試儀。當某人的骨質量比一個三十歲的人所驗出的骨質量少百分之二十至三十五時，便判定爲骨質疏鬆症（加上百分之二．五的標準差）。

這對乳品業者而言是天外飛來的佳音。骨質疏鬆症不但與骨折有關，也跟骨質密度有關。所有能夠影響骨質密度的因素，即便只是次要因素，都能聲稱具有預防甚至治療骨質疏鬆症的效果！爲了說服媒體與大眾乳製品的益處，乳品工業從此把骨折放一邊，只滿足於證明骨質密度的增加，即使我們將看到這兩個標準並不能相提並論也無所謂！

一九九四年，美國國立衛生研究院主持一個以鈣質爲主題的共識研討會。參與會議的營養學家和飲食學家陰沉的說道，這是嚴肅的時刻。沒錯，「有大半比例的美國人不遵循專業意見，攝取適量的鈣質把骨質顛峰量提升到最高點」。不過大家也應該知道，他們把建議最佳鈣質攝取量提高了：從原本的八百毫克，提高到六十五歲以下的民眾每日建議攝取一克的鈣質，六十五歲以上的民眾則是一．五克。女性則是五十歲以下一克，五十歲以上一．五克。

爲了達到這個標準，專家群有個策略：「我們傾向建議經由飲食達到每日最佳鈣質攝取量（……）因爲乳品含有豐富鈣質，加上頻繁的攝取已成爲國人最主要的鈣質來源。」爲了讓更多的美國人（尤其是那些有乳糖不耐症的亞裔與非裔美國人）加入攝取乳製品的行列，這群專家也說：「經由攝取不含乳糖或是低乳糖（非液態乳品）的乳品，也能獲得適當的鈣質。」

二〇〇一年，美國國家兒童健康暨人類發展研究院（NICHD）院長杜恩．亞歷山大（Duane Alexander）讓政府部門出版了一份令人驚慌的新聞稿，所有媒體也都跟著刊登了。這份新聞稿指出：「美國年輕人有缺乏鈣質的危機。」該研究院解釋，年齡在十二歲到十九歲之間的兒童與青少年，只有百分之十三．五的女孩和百分之三十六．三的男孩，每日的飲食達到最佳鈣質攝取量，「此情形會讓他們冒著得到骨質疏鬆症或其他骨骼疾病的風險」。

對亞歷山大而言，「骨質疏鬆症是兒童疾病，卻能導致老年病症」。亞歷山大說明兒童與青少年的骨折發生率有增加的現象，「可能是鈣質攝取量不足導致」。然而，比起股骨頸骨折的災難，這根本不算什麼。「隨著年齡增加，這些孩童將面臨更嚴重的鈣質危機，因爲人們將面對美國史上最高骨的質疏鬆症發生率與其他骨骼疾病」。幸好，「這個公共健康問題能夠獲得改善與預防」。怎麼做？喝牛奶吧！

事實上，亞歷山大透過美國國家兒童健康暨人類發展研究院，發起了一項倡導孩童與青少年攝取牛奶，名爲「牛奶很重要」的宣傳活動。這項爲牛奶利益所做的宣傳可是由美國納稅人出資贊助！該研究院建議優先攝取牛奶來獲得鈣質，卻有點快就忘了當時美國將面臨最高骨質疏鬆症發生率的一代，同時也是有史以來牛奶攝取量最高的一代。

在法國也一樣，醫生要讓大家意識到鈣質缺乏的危機。一九九三年，亞眠市一位風濕病學家在一篇科學文章中，比較愛芒特乾酪與碳酸鹽（鈣片裡的成分）鈣質的生理可利用率。他藉此機會提醒人們：「鈣質日需求量高，人們通常欠缺這種營養素。」（二〇〇六年時，這位教授親口向高級衛生單位承認，他以「工作合約、固定合作」的形式，與乳品工業資訊中心、康地亞公司及營養學研究與資料中心維持「持續不斷」的關係。）

一位法國風濕病學家參加了一九九四年著名的美國國家兒童健康暨人類發展研究院舉辦的共識研討會。他顯然大受衝擊，因爲一九九九年時他迫不及待在《科學與生命》

（*Science and Life*）特別號期刊上，出版了一篇警告文章：「三項近期發表的研究結果顯示，許多法國人的鈣質攝取量不足（……）主要是乳製品攝取得不夠。乳製品攝取量應該隨著年齡增加。」而且他還肯定的說：「牛奶攝取量增加時，股骨頸骨折的機率就會降低，此假設已經獲得證實。」但究竟是誰證實的呢？這是個謎。

這位風濕病學家為骨質疏鬆症學會（GRIO）成員。這些醫生在一場又一場的研討會中，一邊強調經由大量攝取來自食品的鈣質以達到「骨質巔峰量」的重要性，一邊力吹更年期荷爾蒙治療對抗骨質疏鬆症的效益。他們也沒忘了提到鈣質的重要性！因此，在一九九五年的會議中，一位蒙貝力耶大學醫院的教授就強調：「年齡越增長，就越需要鈣質」、「女性主要在青少年與停經後這兩個關鍵時期，有鈣質攝取不足的問題」。

現在你應該已經了解，當我們提到「鈣質補充」，主要就是指乳製品。當時建議青少年每日攝取「一升的牛奶，或是四分之一升的牛奶加上二杯優格與二份乳酪」。這些與會者大聲呼籲社會福利應補助骨質密度檢查費用（法國自二〇〇六年起開始有條件補助此項檢查），會議結束時也針對法國貧民擬定了「兩大目標」：「不管任何年齡都能夠獲得足夠的鈣質攝取，以及停經後使用荷爾蒙療法」。

大家應該要知道的是，骨質疏鬆症學會的合夥人除了營養學研究與資料中心外，還包括生產荷爾蒙補充劑的藥廠。

一九九〇年代初期，法國國家農業研究院提供了新聞記者數份關於鈣質的文稿。該研究院在其中一篇標題爲〈體內缺乏鈣質時，千萬不要跌倒！〉文章中指出：「避免骨質疏鬆症的最好方法，就是在三十歲以前盡量累積骨質量（……）不幸的是，在法國進行的不同調查與評估顯示，大多數女性實際的鈣質攝取量不到建議攝取量的三分之二，這表示很有可能所有女性都屬於罹患骨質疏鬆症的高風險群。（……）要達到一克的鈣質攝取量，必須飲用大約半公升的牛奶或相當的乳製品——四份優格，或四百到五百克的羊奶乳酪或白乳酪，或二百到三百克的軟質乳酪，或一百克的藍黴乳酪或半硬質乳酪，或五十克的硬質乳酪。」

這篇文章於結尾時適時的提醒所有拒絕攝取上述乳製品的女性（理所當然就是那些將來會發生骨折的女性）：「這些女性在年齡增長後，只能空嘆年輕時沒有攝取夠多的乳製品。」

一九九一年，法國瓦勒德馬恩省的一項研究卻指出，法國的女性、青少年或成人並未有鈣質攝取不足的情況（兒童與青少年時期每日超過一克，之後約每日一克）。這項研究結果與法國國家農業研究院駭人的文章內容明顯不符。〈體內缺乏鈣質時，千萬不要跌倒！〉的作者譴責這項研究有問題，說它結論「過於樂觀」且「對成人的每日攝取量高估了二百毫克，對青少年與年長女性的攝取量則高估更多」，卻不談論「明顯的事實」。

令人振奮的預言

二〇〇〇年，康地亞公司出版了日內瓦大學教授尚－菲利浦・邦卓（Jean-Philippe Bonjour）博士撰寫的文章。他在文中毫不猶豫的肯定「巔峰骨質量可以預防骨質疏鬆」，儘管此一論點尚未受到證實。他甚至提出了令人不敢置信的預言：「目前可以預估的是，增加百分之十的骨質量，就能降低百分之五十的骨質疏鬆症發生率。」哇，真棒，超酷！不過，這要如何做到呢！？很簡單，這位了不起的醫生如此答道：在孩童時期每日攝取一千二百至一千五百毫克的鈣質。「又一個很好的理由，系統性的提醒母親與青少年的乳製品攝取量。」請問醫生，你保證這樣做，骨折發生率就會減半？回答：「短期效益已經被證實，剩下只需要觀察長期的效果。」這眞是太科學了！

二〇〇〇年代初期，法國國家預防暨健康教育研究院（INPES）建議成人每日攝取三到四份的乳製品時，又搬出那套名言：「鈣質是負責骨骼礦化最主要的營養素（……）六歲以下的孩童通常攝取了足夠鈣質，但是青少年卻不是如此，尤其是十到十九歲的女孩。年輕人應該攝取不同種類的乳製品，由其是富含鈣質、脂肪少一點、鹽分少一點的天然食品（牛奶、白乳酪、優格……）。」

在《健康，謊言與內幕》中，我曾經公布一些乳製品對骨折發生率的初期研究，而不只有對骨礦物質密度的效果。為法國食品衛生安全局撰寫法國人民健康計畫的作者，選擇了骨質密度這個最有利的主題，在一份乳品工業的期刊上做答辯。

「數個近期研究證實，在孩童與青少年時期攝取足夠鈣質，原則上以乳製品為主，能鞏固成年初期的骨礦物質量（……）幾乎所有的介入性研究都發現，即使差異很小，鈣質補充劑還是對骨礦物質密度有正面效益。」這時為二〇〇五年，二十五年前提出的骨質顛峰量概念，經過這段時間已經被接受：「成年初期盡可能達到最大量的骨礦物質量，以便日後能夠預防骨質疏鬆與骨折，這個理論並沒有被推翻。」

這理論是否有天能受到證實？是否有證據能夠證明，在青少年時期大吃特吃乳製品，就能建立日後的骨質顛峰量，避免五十歲後因骨折而痛苦呢？研究員的回答是：「根據理論（大約）的推測，增加百分之四．六的髖部骨質密度，日後發生骨折的風險就能降低百分之五十」。天啊。這比五年前邦卓教授的說法好了二倍。但這個不可思議的好消息有什麼理論基礎呢？

當乳製品甚至無法影響骨質密度時

一九九五年十月十八日星期三，《法國醫療日報》（*Le Quotidien du Médecin*）高調宣布一項膳食鈣質含量與骨質密度研究（CALEUR）。「此研究範圍涵蓋歐洲五國，目的在證實青少年時期的膳食鈣質攝取和骨質量兩者之間的關聯。」此研究動員約一百五十名醫生，由隆河－阿爾卑斯山省流行病與衛生防治中心與格爾諾伯勒大學醫院協助執行，目標在「比較大量攝取乳製品與攝取量低或甚至完全不攝取的女性之間的骨質量」。

贊助法國境內研究的營養學研究與資料中心將會看到想要的結果。一位負責的醫生說明：「我們相信在青少年時期建立骨質量，對預防老年時期骨質疏鬆非常重要。」我在二〇〇八年三月挖出這篇剪報，自問這項範圍廣闊的研究CALEUR的結論究竟是什麼。然而，果然不出我所料：找不到出版的研究結果！營養學研究與資料中心默不作聲，醫學數據對CALEUR研究毫無回應。經由盯梢一些研究員，我終於發現一九九九年的一篇文章⑱，了解這片死寂究竟是怎麼回事。

CALEUR這項研究原本是聚焦在乳品鈣質在幫助建立骨質量上所扮演的角色，結果最後慘敗。橈骨骨質密度的量測值與鈣質攝取量多寡沒有或幾乎沒有關聯：義大利人每日攝取六百〇九毫克的鈣質，芬蘭人則是每日一千二百六十七毫克。作者們做出結論：「此項研究無法證明食品鈣質對歐洲婦女骨質顛峰量具決定性的影響。研究無法證明鈣質建議攝取量必須提高。」這與他們之前的說法不同。

文章中提到的參考文獻並非來自盧爾德醫療觀察局，而是一項小研究——以五十一對雙胞胎為對象，每日給予一千二百毫克鈣片或安慰劑。研究結論：「在初期的十二到十八個月，鈣質補充劑增加了部分骨礦物質密度，但是在二十四個月後，增加的骨質密度未能維持。」讀者們請自行解讀這個結論吧。

乳品工業還沉溺於骨質密度的想像中，而骨質密度的觀念卻正處於非常不利的位置，眞是太令人遺憾了。

◆完美論點受到嚴重打擊

其實一開始，國際衛生組織骨礦物密度至上的指示並未受到一致認同。這些標準公布後出現了許多抗議這些標準是否恰當的聲音，其中包括了一些學會，如日本的骨骼研究學會。學會研究員強調，低骨質密度反應了兩種不同的情況：一種是正常的，一種是病理的。譬如，居住於亞洲和非洲的人，骨質密度比西方人低，但這些地區的骨質疏鬆症發生率卻較低⑲～⑳！同樣的情況也發生在嚴格執行素食主義者身上。

也就是說，有很大一部分的人儘管骨質密度低，卻從來沒發生過骨折，同時也有同樣多的人，擁有高骨質密度卻會發生骨折。骨質疏鬆症性骨折研究顯示，半數以上曾經發生股骨頸骨折的停經婦女，她們的骨質密度T值（注：是指將受測者之骨質密度與年輕成人之骨質密度平均值相減，除以年輕成人骨質密度之標準差所得出的結果）夠高，因此不能算是骨質疏鬆症患者[21]。由此可知，即使骨質密度能做爲大眾風險指數的標準，卻不能準確預測個人的骨折發生率[22]。

一項研究發現，「提高骨折發生率的因素中，百分之八十五都與骨質密度無關[23]」。骨骼的尺寸、形狀、膠原纖維的完整性，與骨骼再生的速度，都會影響骨骼的強度。

密度增加了，骨折情況卻沒有減少

過去很長一段時間，我們曾認爲氟是治療骨質疏鬆症很好的解藥，因爲它有助於提高脊椎礦物質密度。但不幸的是，這種治療方式並不能降低骨折發生率[24]。治療骨質疏鬆症的藥物能夠增加骨質密度，但是對降低骨折發生率卻沒有效果。同時，所謂的降低骨折發生率，事實上也只是初步減緩骨骼被破壞的速度。例如，在一項骨折介入性試驗（FIT）中，一種改善脊椎礦物質密度的藥物，只能降低百分之十六的骨折發生率[25]。

基於上述理由，德國健保取消了健康民眾做骨質密度測量的補助。在法國，也只針對高風險群與出現臨床骨質疏鬆病症的民眾提供補助。

二〇〇七年，加州大學的研究員發現，依據年齡、健康狀態、身高、體重、種族、從事的體能運動、是否有骨折經驗（五十四歲以後）、父母是否有任何一方曾經發生骨折、是否抽菸、是否使用皮質激素，與是否正在治療糖尿病等，能夠預測停經婦女五年後發生骨質疏鬆症性骨折的風險。這樣的預測方式甚至比骨質密度測量更準確㉖，且成本更低，又不需要使用X光檢查。

二〇〇八年，國際衛生組織緊接著公告一種能夠檢測骨質疏鬆症性骨折的新方法FRAX。這種方法不考量骨礦物質密度，而是從以下因素做分析：年齡、性別、五十歲以前是否發生過骨折、是否使用皮質激素、是否患有類風濕性關節炎、是否患有內分泌疾病引起的續發性骨質疏鬆症、是否抽菸、一天是否飲用二杯以上的酒精飲料，以及身高體重指數。

是呀！在所有能夠引起骨折的臨床風險因子中，國際衛生組織既不關心乳品的攝取量，也不關心鈣質攝取。這使得之前強調乳品鈣質與骨質密度、骨折的關聯的美好宣傳也受到打擊。

有一些令人不快的消息。以一項在瑞典馬爾默隱密進行的調查爲例，這裡的居民接受了骨礦物質密度測量，並與美國、法國與日本等地的結果互相比較，同時也比較了骨折發生率。這下糟了：瑞典人和美國人的骨質密度相差無幾，但是比法國人跟日本人高，因此瑞典人的骨頭比法國人跟日本人的重。若依據之前發表的理論，瑞典的骨折發生率應該較低才對，但事實完全相反：瑞典人的骨質疏鬆性骨折率高居世界第一，而根據這個研究顯示，他們的骨質密度也是世界第一。調查的作者於是下了結論：「北歐國家的高骨折率無法用低骨質密度這個因素來解釋㉗。」

二〇〇八年，一項針對三萬六千二百名停經婦女所做的調查顯示，那些攝取多量鈣質跟乳類鈣質的婦女的骨質密度，在理論上可說是骨折低風險群。到這裡爲止一切對乳酪商都沒什麼問題，但是之後就麻煩了：即使有如此完美的骨質密度保護，這些乳製品愛好者的骨折率並沒有比那些不吃乳製品的女性低㉘。

這樣的轉折正好可以拿來提出一個眞正的問題，不是乳製品會不會使骨質密度增加、會不會提高骨質巓峰量，或者加厚皮質骨……誰知道還有其他什麼作用。唯一重要的問題，也是讓乳品工業、它的營養師跟醫學協會朋友芒刺在背的問題是：攝取更多的乳製品能減少骨折發生嗎？

這個問題夠清楚明瞭，答案也是。

第六章　乳製品無法預防骨質疏鬆的證據

牛奶鈣質能幫助預防骨質疏鬆。

——國家農業研究院（INRA），二〇〇八年

相信骨質疏鬆是因爲缺乏鈣質所引起，就猶如相信導致感染的原因是缺乏盤尼西林所致。

——哈佛大學營養學名譽教授　馬克．赫格斯提（Mark Hegsted）

坎貝爾教授是紐約康乃爾大學名譽教授，也是美國最受尊敬的營養學家。他主持了超過三百項該領域的研究，曾在中國針對飲食習慣和健康進行最完整的流行病學調查，此項研究後來集結出版爲《救命飲食》（注：*The China Study*，中文版由柿子文化出版）一書。

經過一個接一個的研究，累積超過四十年的經驗，坎貝爾教授能夠確定乳製品並無法預防骨質疏鬆症。他解釋：「我們快被數量龐大的警告淹沒，幾乎每天都被提醒必須攝取乳品鈣質來強化骨骼，也總是聽到大多數人的鈣質攝取仍然不足。但是攝取大量鈣質的必

要性並未受到證實。」

你們也許會有疑問：法國食品衛生安全局與法國國家營養健康計畫委員會不都建議我們每天攝取三到四份的乳製品來預防骨質疏鬆嗎？他們可能犯這種錯誤嗎？

這個問題牽涉到全世界二億名女性的健康。美國政府光是治療骨質疏鬆症就耗費了一百四十億美金。假使坎貝爾教授說的沒錯，乳製品真的無法預防骨質疏鬆症，但五十幾年來政府不使用較有效用的方式，卻把攝取乳製品當做預防骨質疏鬆的優先政策，這樣的做法對全民健康造成的影響是極爲深遠的。

證據在哪？

我們對相關衛生當局最起碼的期待是，當他們提供營養建議時，能夠以眞實確定的理論做爲依據。所以當衛生部長、法國國家營養健康計畫委員會負責人、政府相關機構，例如法國食品衛生安全局或國家預防暨健康教育研究院，齊聲建議我們每人每天攝取三到四份乳製品時，我們會以爲他們是因爲獲得確切的研究結果才會提出這樣的建議，只要照著做，就能擁有更健康的骨骼。

然而，當事實並非如此時，就表示領導我們的是一些不負責任、沒有能力、不擇手段的人。攝取大量乳製品的同時，我們不但停止攝取其他對身體健康有益的食物，也可能因爲攝取過量乳製品而導致飲食不均衡，進而損壞健康。

所有政府、政府機構、營養學官員爲大眾提供意見時，也都應該以科學研究結果爲依據。有時候，這些營養學家希望這些研究結果保持機密，好讓自己成爲唯一能對大眾解釋研究結果的人。他們不希望一般大眾掌握這些資訊，但是這些資訊並非什麼祕密，只要擁有基本科學知識、懂英文（大多數的研究結果都刊登在英文醫學雜誌裡），每個人都可以瀏覽閱讀。

我寫這本書主要是爲了服務不懂外文，沒有學過生物學、生化、醫學的人，營養學者只是次要的讀者。我希望和讀者分享關於乳製品和骨骼的研究報告，也就是理論上那些官方在提出營養建議時應該當做依循基礎的報告。

誰在攝取乳製品？

因爲文化及氣候因素，世界各地的居民攝取牛奶的習慣也不盡相同。在非洲和亞洲，除了少數例外（非洲的富尼亞人和馬薩伊人，以及亞洲的蒙古人），大多數的居民沒有畜牧飼養的傳統習慣，很少攝取乳類鈣質或甚至鈣質。因此，甘比亞居民平均每天攝取的鈣質量爲三百到四百毫克，而在中國瀋陽地區每人每天平均鈣質攝取量爲四百到六百克㉙，主要鈣質來源是水果和蔬菜。

而在西方包括西歐、北美、澳洲和紐西蘭等地方，他們擁有沿襲已久的畜牧飼養傳統，且近數十年來乳製品的攝取量不斷成長。在英國，每個男性每天鈣質攝取量爲一千毫克，女性則爲七百八十毫克，其中一半以上來自乳製品。

一九九八年，法國一項「補充維生素、礦物質、抗氧化劑研究」（SU.VI.MAX）資料顯示，成人男性每人每天鈣質攝取量爲九百七十四毫克，女性爲八百四十六毫克，其中三分之二來自乳製品。這份數據資料已經藉由其他調查研究全面證實，這些研究包括二〇〇二年營養健康指標（Baromètre santé nutrition）和一九九八到一九九九年的全國個人食品消費調查（INCA）。

從這些資料可以看出，每天攝取至少三份乳製品的男性占百分之十三到百分三十，女性則是百分之十五到百分之三十二。負責公共健康的官員仍悲觀的認爲「大致來說，乳製品的平均攝取率偏低」，食品衛生安全局和國家預防暨健康教育研究院也在二〇〇四年一份文件裡同聲唉嘆。但實際上，法國女性和男性每天平均攝取二・一到二・八份乳製品算是多了。超過五十五歲後，三分之一以上的法國女性爲了預防骨質疏鬆症每天至少呑下三份乳製品。

如果乳製品像衛生部、營養學家和乳品業者一致認爲的有助預防骨質疏鬆症，這些奶奶們應該會高興得跳起來，而大半的亞洲和非洲人民則會被股骨頸、脊椎骨和手腕骨折的大流行所摧毀。但是就如我在《健康，謊言與內幕》一書中揭露的，實際的情況正好相反。

鈣質悖論

所有已發展國家的股骨頸骨折發生率，在二十世紀間大幅增加。人口老化雖然是原因，但非唯一的原因。就是這樣，在一九四〇年到一九八〇年間，美國明尼蘇達州的羅徹斯特，股骨頸骨折發生率增加了百分之一百七十八。但是，如果考慮年齡因素，也就是把相同年齡女性的股骨頸骨折發生率相比較的話，四十年間的變化也相當大：增加了百分之五十三㉚。

今天骨折發生率高的地區包括了北歐、北美，還有澳洲、紐西蘭、夏威夷以及香港，也就是那些遵循西方生活方式的人民。他們的飲食中包含動物性蛋白質（紅肉與乳製品），並大量攝取鈣質。而在乳製品攝取量低的地區，如亞洲、非洲或南美洲，骨折發生率卻比較低。

瑞典人的骨骼

世界上每人每年攝取最多牛奶的國家爲：瑞典、挪威、美國、德國、愛爾蘭、英國、芬蘭、澳洲，和紐西蘭。這些國家也是某特定年齡族群股骨頸骨折年發生率最高的地方。而瑞典人更同時擁有兩項世界紀錄：乳製品攝取量，以及股骨頸骨折發生率。

澳洲、紐西蘭和美國人的牛奶攝取量是日本人的三倍，而股骨頸骨折發生率是日本人的二．五到三倍㉛。在美國，骨質疏鬆症的發生率依人種不同而有差異：跟白種人比起來，墨裔美國人和非裔美國人攝取較少的乳製品，骨質疏鬆症的發生率也低了二倍㉜～㉝。

而在中國大陸，儘管有農產企業推波助瀾，人民的牛奶攝取量依舊很低（約每人每年十公斤），股骨頸骨折的發生率則是全世界最低的幾個國家之一，比起每年每人攝取超過二百五十公斤牛奶的美國要低五到六倍。在西非國家多哥，骨質疏鬆症更是極爲罕見，多哥人民每年牛奶攝取量不到十公斤㉞。柬埔寨、高棉、賴比瑞亞、剛果共合國和新幾內亞的人民每年則攝取不到五公斤的牛奶。這些國家都將骨質疏鬆症納入「非流行病」㉟。

總之，這些族群研究傳達了一個簡單明確的訊息：攝取越少量的牛奶和動物性蛋白質，就更能擁有健康的骨骼。奈及利亞人民很少喝牛奶，動物性蛋白和植物性蛋白的攝取比例低於德國十倍，骨質疏鬆症的發生率也低了百分之九十九㊱！

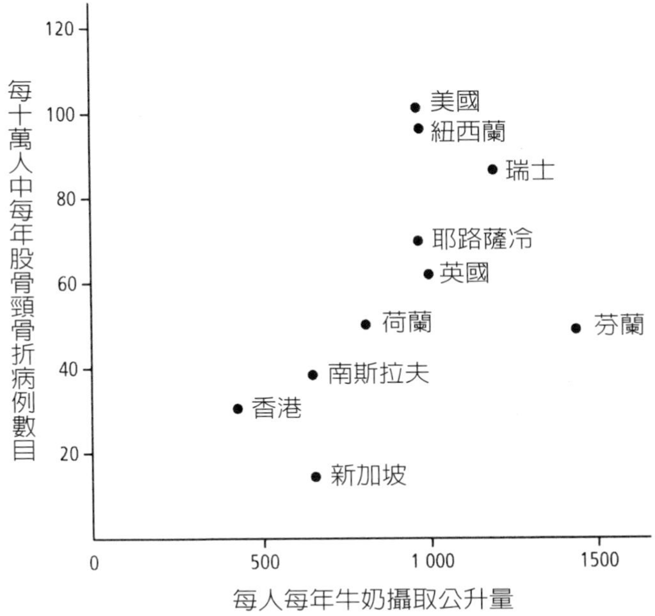

圖 6-1：坎貝爾教授《救命飲食》中股骨頸骨折與乳製品攝取之間的關係圖。

二〇〇二年國際衛生組織明白指出這個情況，並且稱其爲《鈣質悖論》[37]。

我在此舉出這些例子，並非是想正式證明乳製品無法有效預防骨質疏鬆，而是想把它們當做思考的首要元素。

許多人，特別是醫生和飲食專家，爲此矛盾感到困惑；有的是因爲他們（少數人）跟乳品業者關係密切，有的則是因爲堅信乳品業者多年的宣傳和衛生部的倡導，於是建議病人多喝牛奶或多吃優格。自《健康，謊言與內幕》引發辯論以來，一些醫生和營養學家就被研討會（由乳品業者贊助）、新聞稿、科學文章，甚至是一些網路論壇雇用，目的不是要駁斥「鈣質悖論」——因為那是不可能的——而是為它找藉口。這已經算是重要的招認了，那表示他們也同意乳製品對於防範骨質疏鬆症完全沒有用。

一些因鈣質攝取增高的骨折發生率（跟預期不符）

在某些已發展國家，如美國、挪威和瑞典，新增的骨折案例似乎有穩定下來（停留在高點），或甚至稍微下降的趨勢。在這幾個國家，此情況與乳品鈣質攝取率降低或穩定的現象同時發生。

例如在美國，直到一九五〇年代末期，每人每年的乳製品攝取量大幅增加到相當於二百三十六公斤的牛奶。股骨頸骨折於一九四〇年到一九五五年顯著提高，在一九五五年與一九八〇年趨於穩定。挪威與瑞典人的乳製品攝取量從一九八〇年末期開始降低。但骨折發生率並未相對增加，反而有降低的狀況㊳。

相反的，在香港，生活形態模仿西方，乳製品與肉類的攝取量不停的增加；低骨折發生率於一九六〇年代開始趕上西方的發生率。今天，在香港，六十五歲以上股骨頸骨折發生率數據與美國相同㊴。我們稍後會再討論這個現象。

力挽狂瀾乳製品名聲

在網路論壇上，好幾位醫生針對《健康，謊言與內幕》內文與乳製品相關的章節提出博學的解釋，認為歐洲人比其他地方的人長壽，因此歐洲會有較多的骨質疏鬆症患者實屬正常。不過這個論點站不住腳，尤其世界衛生組織公布的罹患率是依各個年齡層來做比較。況且，法國人不比日本人或幾乎不喝牛奶的沖繩人來得長壽！

營養學家賈克．福列克（Jacques Fricker）接受《Elle》雜誌訪談，談到我的書時說到斯堪地那維亞人骨折發生率高，是因爲他們缺乏種對骨骼健康非常重要的營養素維生素D。很好，但是爲什麼在乳製品攝取大量增加的希臘，骨折發生率卻增加了呢？要如何解釋澳洲這個全年陽光普照的國家，仍然擁有很高的骨質疏鬆症罹患率呢？沒錯，斯堪地納維亞人和澳洲人的共同特點之一，就是他們都攝取大量的乳製品。

一位在雀巢公司工作的朋友親切的反駁我，他認爲斯堪地納維亞人骨折發生率較高是因爲他們的身材比較高大，較長的骨骼同時也會較脆弱。好吧，但他們爲什麼會生得如此高大呢？那是因爲他們長期且大量的攝取乳製品（見一〇八頁）！

亞洲人罹患骨質疏鬆症的機率雖然比美國人和歐洲人低五倍，但是亞洲人理應該跟斯堪地納維亞人一樣，因骨質疏鬆而陷於癱瘓。因爲，亞洲人不但骨質密度不如歐洲人種（眾所周知這代表骨折發生的風險較高）且鈣質攝取量也很低，那爲什麼他們罹患骨質疏鬆症的機率遠比斯堪地納維亞人低呢？原因還是要回到乳製品身上。在雀巢公司工作的朋友反駁，這是因爲亞洲女性的股骨頸較短的緣故！爲了逃避眼前的事實，什麼理由都可以成立：一下子是基因問題、一下子又是骨骼的長度或是維生素D，明天可能又會找到另一個爛藉口。

我知道乳品企業可能會這麼解釋：我們不能把基因與飲食生活習慣不同的族群拿來做比較。我接受這個論點。這就是爲什麼我要在本書中，在既有的確鑿資料之外再增加一些新的訊息。除了幾個少數例外（其中包括乳製品攝取量），族群的例子在各方面都是可以比較的。

兩個中國

在中國股骨頸骨折的發生率非常低，例如在一九九〇年代末期，在北京同一年齡層的十萬名女性中，只有八十七位發生股骨頸骨折的情況。基於比較的因素，我們統計同一年代十萬名美國白人中，就有五百〇一到五百五十九個案例發生。

然而，最有意思的統計發生在英國殖民統治時代的香港。一九八五年時，十萬名女性中有三百五十三個股骨頸骨折案例，是中國大陸的四倍多。在一九六〇年代末期到一九九九年末這三十年左右的時間，香港居民的股骨頸骨折發生率就增加了百分之二百㊵。是什麼原因造成香港與中國大陸這種差別呢？

香港人與廣東省江門市人同源，擁有相同的基因。他們也有某些同樣的飲食習慣，例如食用當地蔬菜及黃豆。但是與中國表親比起來，香港人攝取較多的熱量，尤其是動物性蛋白質——肉類和乳製品。以下數據十分具有說服力：中國大陸有十三億人口，香港有六百八十萬人口，一九九九年美國出口一千七百萬美元的乳製品到內地，卻出口了四千三百萬美元的乳製品到香港一地。

根據一九九五年一項針對香港和廣東江門市兩地平均七歲兒童族群所做的調查，前者每人每天攝取七百毫克的鈣質，後者只有三百八十毫克，此差別主要在於乳製品的攝取量㊶。與中國大陸兒童相反，香港兒童在斷奶後就攝取乳品配方食品，一直到青少年時期仍持續食用牛奶和乳製品，百分之九十的香港五歲兒童有攝取牛奶的習慣，到了七歲時也還有百分之七十五的兒童繼續這樣做㊷。幾十年中，中國人從幾乎沒看過、聽過牛奶，到牛奶成爲香港人早餐的飲食內容之一，同時也出現在點心和其他用餐時間。

骨質疏鬆症影響香港人的生活，而到現在中國大陸人民卻倖免於這種疾病，其中的原因已無法用基因不同、股骨頭長度、重心位置，或維生素D來解釋。這與西化飲食習慣的引進，以及乳製品、肉類、鹽和甜味飲料攝取的增加，有密切的關係。在後面幾個章節，我們將會看到混合食用這些食品會如何影響骨骼的健康。

如果還需要其他例子來證明基因與西化社會的骨質疏鬆症沒有太大關聯，請看看以下說明。

把在美國的亞裔女性跟她們亞洲的親戚相比，前者攝取較多的動物性蛋白質和乳製品，罹患骨質疏鬆症的比例也比較高㊸。

一九六一到一九七七年間，希臘人的牛奶攝取量增加了一倍，從此開始逐漸增加。一九七七至一九九二年間，一些研究員調查特定年齡層股骨頸骨折的發生情況。倘若牛奶眞的能夠保護骨骼，希臘的股骨頸骨折發生率就應該降低，但事實上它卻成長了一倍㊹。

流行病學家怎麼說？

我們剛看到針對不同區域人民所做的研究雖然有趣，但卻不夠可靠。如同我先前說過的，即使這些研究結果有所矛盾，也無法對乳製品的效益做出結論。若要得到更有力的意見，就必須轉向其他形態的研究——流行病學或臨床醫學（詳見下框）。

近年來，十幾項同形態的研究目的都是爲了確定鈣質補充劑，特別是乳品鈣質，是否具有強健骨骼的效果。若在此逐一列舉這些研究結果，會令人感到厭煩。其中，有些結果發現乳製品具有預防作用，其他則無。

我大可以在書裡條列所有負面研究結果，避開對乳製品有利的報告。但這麼做就等於在欺瞞讀者。於是，我決定發表在我之前的一些學者的研究結果，他們彙整分析所有的研究報告，試圖導出一個趨勢。

營養學研究

除了地域性的研究外，大致還分爲兩種研究形態：流行病學研究和臨床研究。

流行病學研究以觀察爲主，研究人員針對一定數量的志願參與對象，通常花費數年時間，間隔一段時間固定訪問調查對象的飲食和生活習慣。幾年之後，我們能看到一些種類的飲食與某些疾病的關聯性。雖然這僅僅涉及相關性而非因果關係，但流行病學研究能夠產生一些假設，進而從這些假設再分離出研究方向。

臨床研究則是介入性研究。研究人員雇用一批實驗對象，評估一種特別的飲食習慣對特定疾病或失調的影響，例如骨骼疏鬆、糖尿病、癌症等。一半的實驗對象遵循一項特別針對研究設計的飲食方式，另一半的人則遵循平常的飲食習慣（當我們測試一種營養素，例如鈣質時，一組人員服用藥片，另外一組人員則服用看起來跟藥片一樣的安慰劑）。在遵照這種飲食習慣生活幾個月或數年後，我們再比較兩組人員的健康狀況。

臨床研究能夠確認或排除通常從流行病學研究引出的假設，它能夠構成最好的評估準則，但實施上較爲困難，且花費較大。醫學是建立在解讀所有這些研究數據所得到的證據上。

爲了找出一個趨勢，研究員對這些累積的研究結果做分析，他們或者使用比較粗略的摘要統計方式，或者使用統合分析。統合分析爲數個獨立研究結果的統計分析結果，目的是要找出訊息。請注意，統合分析結果並非不會出錯。

沒有證據顯示牛奶讓骨骼更強壯

爲了更清楚了解鈣質（不論是否來自乳製品）和骨骼的關係，個別的流行病學研究和臨床研究結果被拿來做成數個大型的摘要統計或統合分析研究。共有九組科學家用各自的方法來做這些分析（我應當沒有遺漏），其中七項分析針對乳品鈣質。這會兒重點來了：六項研究結果顯示，攝取更多的乳品來源鈣質對擁有強壯的骨骼沒有幫助。唯一證明乳製品益處的研究，是由乳品工業贊助。

當然，我不能期望讀者單憑我一句話就相信這個結論，因此我要邀請各位一同檢驗這些研究的細節。

一九九七年，一位澳洲研究學者羅伯・葛拉罕・康明（Robert Graham Cumming）出版了第一份針對二萬八千五百一十一位女性的五項研究分析結果。他企圖找出證據證明攝取越多的鈣質，越能幫助這些女性免於股骨頸骨折。研究結果令人失望：康明並未發現攝取富含鈣質的飲食的任何益處㊺。

兩年後，由英國雪菲爾大學教授約翰・坎尼斯（John Kanis）領導的一個世界衛生組織單位，分析了七十五項研究結果。他們的結論是：「沒有證據顯示鈣質攝取的增加，對成長期前後骨骼的強健或骨折風險有任何效益。」他們還說：「沒有足夠理由鼓勵五十歲以上的停經婦女增加鈣質的攝取㊻。」

內布拉斯加大學奧馬哈分校教授羅伯．希尼（Robert Heaney）在三年後發表一份分析報告，當中含括了一百三十九項自一九七五年開始的研究。他統計了五十二項介入性研究，研究對象在實驗期間服用鈣質補充劑；另外八十七項是觀察性研究，研究人員在實驗期間觀察一群人的變化。希尼藉由分析這些研究結果，得到鈣質補充劑和乳製品有益於骨骼健康的結論㊼。

但在同年，阿拉巴馬州大學伯明罕分校的羅蘭．溫斯爾（Roland Weinsier）博士和卡羅斯．克魯迪克（Carlos Krumdiek）博士也做了相同分析，並在《美國臨床營養期刊》（*American Journal of Clinical Nutrition*）九月號上刊登他們的結論㊽。他們的結論與希尼的結論差距甚遠：「就算只保留乳製品有助骨骼健康的研究結果，對大眾而言也沒什麼幫助，因爲改善骨骼密度的效果極不明顯。」

根據溫斯爾和克魯迪克的結論，攝取乳製品可能只對三十歲以下的女性有益。對其他人而言，尤其是接近更年期或正處於更年期的女性，並沒有任何證據證明攝取乳製品是有益的。總而言之，我們使用的科學數據「不足夠支持鼓勵人們多攝取乳製品對骨骼健康有益的飲食建議」。

然而，爲什麼研究人員用相同的科學資料做同樣的研究，卻得到如此不同的結論？事實上，這是解讀方式不同所致。

希尼對研究鈣質和一九七五年以來公布的資料有興趣，而溫斯爾和克魯迪克只盯著一九八五年以後與乳製品相關的研究，所以希尼收集到的研究資料較多。

但是造成兩方對乳製品有不同意見的主要差別在於，溫斯爾和克魯迪克評價所有研究的標準有所不同。

其實，有些科學研究做得較好，值得在做最後的分析時給予較多重視。希尼平等看待每個研究，而溫斯爾和克魯迪克則將所有研究分為四個等級（A、B、C或D）。例如，歸到A級的是可信度較高的研究，例如使用安慰劑做比對的臨床研究，以及調查對象至少三千人且為期至少五年的流行病學研究。而C級研究對象少於二百人，沒有定期追蹤調查，僅僅是在某天詢問他們過去的飲食習慣。依此標準來看，A級研究結果當然就比C級研究結果更有分量。

比起希尼，溫斯爾和克魯迪克採用的是更為可靠的統計學分析法。除此之外，這兩方還有一項不同點：前者的財務是由乳品業贊助，後兩位則是獨立的教育界人士。

二〇〇五年出現一項含括六項前瞻性流行病學研究，由國際衛生組織的幾位英國學者發表新的分析結果。他們充滿善意的相信，攝取較少牛奶的群眾的骨折風險較高。他們純粹以大眾健康為目標，企圖量化這項風險。為了達到目的，他們蒐集了四萬名男性與女性牛奶攝取量的數據，然後連結他們的回答與骨質疏鬆性骨折發生率。這時，研究員意外發現：牛奶攝取量的多寡，甚至不喝牛奶，對骨折發生率並無影響㊾。結論是：「牛奶喝得少的人的骨折發生率不會比較高，乳製品的攝取量對於判斷骨折風險群毫無用處。」

證據在哪？

爲了找到證據證明鈣質攝取越多，對骨骼健康有更大的助益，大多數的介入性研究使用鈣鹽，有時再加上維生素D。最近的分析中有多項此類研究，在研究中給予自願者每日五百至二千毫克的鈣片，結果發現，這樣的飲食計畫能使骨密度提升百分之二．〇五，腰椎骨質密度提升百分之一．六六，股骨頸骨質密度增加百分之一．六。沒有任何專家能夠將如此微弱的差異與骨折風險做連結㊿。

二〇〇五年，芬蘭的一些研究學者出版了一項針對一百九十五位界於十到十二歲的女孩所做的介入性研究結果。研究目的在比較一千毫克的鈣質加上或者不加上維生素D補充，與攝取相當一千毫克鈣質的乳酪補充，以及攝取安慰劑對骨骼健康各項指標的影響。

此項爲期兩年的研究，部分經費由康地亞公司贊助。如果只看報章雜誌的報導，這項研究結果對乳酪而言無疑是個勝利！它顯示了「膳食鈣質比鈣質補充劑爲骨骼量帶來更多助益」。

事實上，可以想見會有此種語意扭曲是贊助者的緣故，參與此項研究的研究員也承認並未發現不同研究群組間，鈣片、乳製品或安慰劑「對骨骼健康有任何顯著影響」。但最有趣的不是這點，而是幾句伴隨著結論、有點醒悟意味的句子。「有個問題令研究員感到困惑：就像其他北歐國家一樣，在芬蘭攝取少量鈣質的群眾不多，但是整體的骨折發生率卻偏高。在我們的研究中，只有百分之一的女孩每日鈣質攝取量少於四百毫克。所以，有非鈣質攝取量的因素，對骨骼強健與否扮演重要的角色[51]。」

最後，二〇〇七年十二月，一個由獨立於乳品工業的美國學者組成的團體，再次針對大量攝取鈣質是否能夠降低男性和女性的股骨頸骨折風險展開分析研究。這次研究員出版的分析報告數據，不論是前瞻性流行病學研究或其他介入性研究，都非常有說服力。這些研究中，一組人員攝取鈣質補充，另一組則是安慰劑。結果刊登在二〇〇七年十二月的《美國臨床營養期刊》中：不管對男性或是女性，前瞻性流行病學研究（共五項研究）顯示（可預見的！）：**大量攝取鈣質無法降低股骨頸骨折的發生率**。

但特別令人驚訝的是介入性研究（共七項研究）的結果。這些研究的研究對象主要爲停經婦女。相對於安慰劑，鈣質補充並無法降低非脊椎骨折的風險。相反的，它們發現飲食中增加鈣質補充，反而會增加股骨頸骨折百分之六十四的發生率[52]。

鈣質與維生素D：WHI的研究報告

有關鈣質作用最重要的介入性研究，無疑是美國婦女健康倡導組織（Women's Health Initiative）對於三萬六千二百八十二位五十到七十九歲婦女長達七年的研究。在這項研究當中，一半的受試者吃下一千毫克的鈣片與四百國際單位（UI）的維生素D，另一半受試者則服用安慰劑；因爲鈣質是跟維生素D一起服用，所以並未眞正測試到所謂鈣質可以減少骨折的假設。研究結果在二〇〇六年二月發表。首先，眾所注目的骨骼礦物質密度在攝取鈣質組裡上升了百分之一．〇六，眞是驚人的成長！在骨折發生率方面，即使在維生素D的加持之下，也沒有整體性的下降。科學家們必須藉由各種更細部的分析來導出一些正面的結果，然而這種做法本身就極爲可議。最後，他們終於得到一個結論，在那些最忠實服用鈣片跟維生素D的婦女群裡，股骨頸骨折的機率比對照組低了百分之二十九。也就是說，實際上每年一千個女性病患當中只減少了四個骨折病例，這實在稱不上是什麼勝利……

況且，如果這些婦女只服用一千毫克鈣片而沒有搭配維生素D的話，這微小的優勢極有可能就會消失，而這些吃了補充品的婦女反而有更多人有腎結石的情況[53]。

乳製品對兒童、青少年骨骼的作用，科學界也無法提出更多證據

西方國家大多數的衛生健康當局都建議兒童攝取大量鈣質，例如法國食品衛生安全局建議一到三歲兒童攝取五百毫克鈣質，四到九歲兒童攝取八百毫克鈣質，十到十八歲青少年則為一千二百毫克鈣質，而十八歲以上的人鈣質建議攝取量為九百毫克。這些建議通常都會強調乳製品的重要性。例如，國家預防暨健康教育研究院就明確表示「年輕人應該攝取足量且多樣化的乳製品」，他們認為所謂的「足量」是指每天三到四份乳製品。

這些建議有什麼價值呢？它們是建立在什麼樣的科學根據上？我們是不是可以合理的鼓勵父母讓兒童攝取多一點的乳製品，好讓他們擁有健康的骨骼？華盛頓特區美國醫師醫藥責任協會（PCRM）的三位醫師，愛咪．喬伊．蘭諾（Amy Joy Lanou）、蘇珊．柏克（Susan Berkow）和尼爾．伯納（Neal Barnard）企圖想知道這些問題的答案。

二〇〇五年八月，他們在指標性雜誌《兒科》（*Pediatrics*）裡發表了一個針對兒童、青少年跟年輕成人骨骼（也就是從一到二十五歲的骨骼）的統合分析結果。

這項分析涵蓋了五十八項研究，尤其重視嚴謹的調查。結果發現：符合嚴謹度標準的三十七項乳品鈣質和含鈣食品的研究，有二十七項研究並未發現攝取乳製品或含鈣食品與骨骼健康的關係。在其他研究中，九項記錄了些微正面但不確定的影響，某些情況可能還

是維生素D造成的。這項分析的研究者下結論說：「我們並沒有找到確實證據來支持牛奶是最好的鈣質來源。（……）增加攝取牛奶和乳製品有助兒童和青少年骨骼礦化、加速生長的健康建議，並沒有科學根據[54]。」這點至少表示得很清楚。

二〇〇六年另一個統合分析結果也一樣清楚，這個分析含括了十九個經過驗證的研究結果，以二千八百五十九名補充額外鈣質的兒童爲對象，結果是：上肢的骨質密度只有百分之一．七的微量成長；至於骨折的發生機率則令人瞠目結舌：女孩下降了百分之〇．一，男孩則下降了百分之〇．二，可說是接近零。

科學家的結論是：「不管在兒童或者成年期，額外攝取鈣質對於上肢的輕微作用，不太可能降低骨折機率，對於國民健康沒有影響[55]。」

乳製品毫無作用的新證據

在紐西蘭進行的一項長期研究，讓青少女連續兩年攝取額外的乳製品，接下來這些年輕女孩接受一年的追蹤研究，直到研究結束，乳製品對於骨骼礦物質密度都沒有顯著的影響。事實上，如果我們仔細研究報告中的數字就會發現，在追蹤的一年當中，這些女孩的骨質密度甚至還下降了[56]。

結論：攝取乳製品對健康沒有任何幫助……不過還是請繼續吃吧！

我們一起耐心的看了所有對於鈣質攝取（不管來源是否爲乳製品）與骨折機率之間關係的科學報告，這些研究包括了不同國家居民的健康狀況比較、觀察群體的流行病學研究，以及給自願受試者攝取不同補給品的介入性研究等等。公共衛生主管單位掌握了相同的資料，即使乳製品擁護者都得承認：沒有其他的研究報告了，而且我也沒有篡改結果，就算不是醫生或科學家都可以看得出來這唯一的結論：時至今日，完全沒有任何根據可以支持每天吃三到四份乳製品就能避免股骨頸骨折的說法。然而，主管單位就是根據這些研究來建議大衆每天攝取三到四份乳製品，以保骨骼強壯。

在所有乳製品在飲食習慣占了重要位置的國家裡，骨質疏鬆症正以流行病之姿擴散開來，它越是普遍，政府就越鼓勵人民喝牛奶、吃優格跟乳酪。這個策略一點用也沒有，甚至要擔心是不是會讓情況更加嚴重。「不可能！」營養學家跟衛生局都會這麼說，那麼就請繼續讀下去吧。

第七章　為什麼喝過多牛奶反而讓骨質更脆弱？

如果我們發現大量攝取鈣質根本毫無用處將會很尷尬。如果這麼做甚至會危害我們的健康，那就糟糕透了。

——哈佛大學教授　馬克・赫格斯提

如果終生攝取乳製品眞的是防止骨骼老化最安全的方式呢？這是本書第一次提出這樣驚人且矛盾的假設。但在發展這個論點以前，讓我們先認識全世界最優秀的鈣質專家。

赫格斯提教授協助建立美國哈佛大學公共衛生學院的師資陣容，並曾經在這個領域獲得許多榮譽頭銜。赫格斯提教授同時也是研究員，一九八〇年代主導了美國政府首次對美國人提出的營養建議。「鈣質」是他學術生涯中主要的研究主題。他從一九五〇年代開始研究鈣質生理學，直到一九八〇年代才退休，可說是世界上最優秀的鈣質專家之一。

乍看之下，赫格斯提教授跟其他建議一生攝取乳製品的傑出營養學家沒什麼不同，他也認爲在已開發國家中存在著鈣質攝取問題。然而，當赫格斯提教授表示大眾出現鈣質攝取的問題時，並非是指我們常聽到的鈣質攝取不足。沒錯，赫格斯提教授認爲我們攝取了太多鈣質！

根據他的理論，當我們長期攝取過量的鈣質，身體會漸漸失去代謝鈣質的監督能力。正常狀況下，我們的身體會使用維生素D_3的活性形式（骨化三醇）來調節鈣質的吸收量和排出量。

當飲食中鈣質攝取不足時，骨化三醇會幫助身體保留這少量的鈣質，減少排出量。相反的，當飲食中攝取大量的鈣質時，身體只會保留小部分然後排出過多的量。這就是爲什麼亞洲和非洲人儘管在鈣質攝取量少的情況下，還能避免骨骼疾病的原因，同時也說明了爲何攝取大量鈣質的人不會有梁龍（*Diplodocus*）般的骨架。但是赫格斯提教授認爲，長時間過量攝取鈣質會造成這種自然機制紊亂，失去有效利用膳食鈣質以及年老時保存骨骼中鈣質的能力。

器官因過度負荷而失去控制複雜調節機制的能力，這是生物學上眾所周知的現象，這使得赫格斯提教授的假設具有分量。他的論點也許可以解釋爲何那些終身攝取大量鈣質的人，最後常因骨質疏鬆症而癱瘓。

除此之外，還有另一種假設首次在本書中曝光。

為什麼喝牛奶的國家，骨折案例特別多

我在此要提出的假設可以這樣概括：正如一些營養學家和古人類學家認爲，終其一生攝取大量奶類鈣質的行爲，在演化史上是一種異常的現象，對於我們天生的生理代謝平衡來說也是一種侵害。大量匯流的鈣質在幾十年內使骨骼自行更新的能力變得衰竭，這就是乳製品導致骨質疏鬆症的原因㊼。

許多科學家已經表明，他們認爲用骨質密度測量結果來判定骨骼是否健康是不妥的。這個理論說明女性的骨質密度越高，得到骨質疏鬆症的機率也較低，一些營養學家也因此認爲乳製品的益處在於它能夠提高骨骼密度。

事實上，骨質密度不一定是骨骼健康的表徵。日本女性的骨質密度較歐洲女性低，但是股骨頸骨折的發生率卻比較低㊽。造成這項差異也不在於基因因素，因爲美國出生的日裔女性的骨質密度和美國女性一樣㊾。中國女性也是如此。與歐洲和美國女性比較，中國女性擁有較低的骨質密度，發生股骨頸骨折的機率也較低㊿。

基因同樣也不能解釋這個現象，因爲十二年前移居歐洲的中國女性跟當地女性居民的骨質密度相同。也就是說，飲食習慣的改變提高了這些女性移民的骨質密度(61)。

甘比亞的女性也是，原本骨質密度較英國女性低，但是一旦她們移民到英國後，她們

的骨骼密度就會跟移民國家女性一樣[62]。

緊接著，大家腦海中會產生的問題是：一旦攝取較少量的鈣質，在五十歲以後還能擁有健康的骨骼，並且避免罹患骨質疏鬆症嗎？

或者，你也可以這麼問：骨質密度一直維持在高水準的話，五十歲後骨折的機率會矛盾的反而增加嗎？

深入骨骼

爲了回答這個挑釁的問題，就必須深入骨骼內部。

跟我們直覺的想法相反，骨骼是很有活力的器官，它會不停的再生，老化的骨骼會被破壞然後消滅，在原處製造新的骨骼組織。也就是這個骨重塑的過程，讓成人骨架每十年完全更新一次。我們認爲骨重塑得以修補骨骼因壓力和磨損造成的損壞，同時阻止老化骨質囤積在骨骼內。

消滅骨骼組織（稱爲骨吸收）的工作是由蝕骨細胞進行，而形成新生骨骼的工作則由造骨細胞擔任。

在骨骼內，造骨細胞和蝕骨細胞屬於基本多細胞單位（BMU）的臨時共同結構。我們可以把基本多細胞單位想像成一輛長一至二釐米、寬〇．二至〇．四釐米的車，前座載了一組蝕骨細胞，後座則有一組造骨細胞。每年我們體內有三到四百萬個基本多細胞單位在運作，當您正讀著這一行字時，你的骨骼內同時約有一百萬個此種細胞正在運作。

基本多細胞單位會移動到需要更新的骨骼組織區域。依照骨骼性質，蝕骨細胞會附著於骨骼組織上，酸化然後吸收，然後在這區挖蝕一條隧道或一條溝渠。接著基本多細胞單位往前移動，讓出這個凹槽區域得以讓造骨細胞進入填滿，同時分泌組成骨基質的蛋白質，而鈣質就是沉積在骨基質上。

這其中有一個關鍵：集合在骨重塑區域的造骨細胞，有三分之二會死亡。剩下的則以細胞或蛋白質形式被骨骼表面吸收。

蝕骨細胞也會死亡，它是被免疫系統細胞消滅的。安排好的細胞死亡是再生組織的特徵。每個造骨細胞的平均壽命爲三個月，蝕骨細胞爲二個星期。基本多細胞單位則爲六到九個月。

不同的生命週期其實是很符合邏輯的：基本多細胞單位爲了善盡職責，必須經常供應新的蝕骨細胞，尤其是新的造骨細胞。

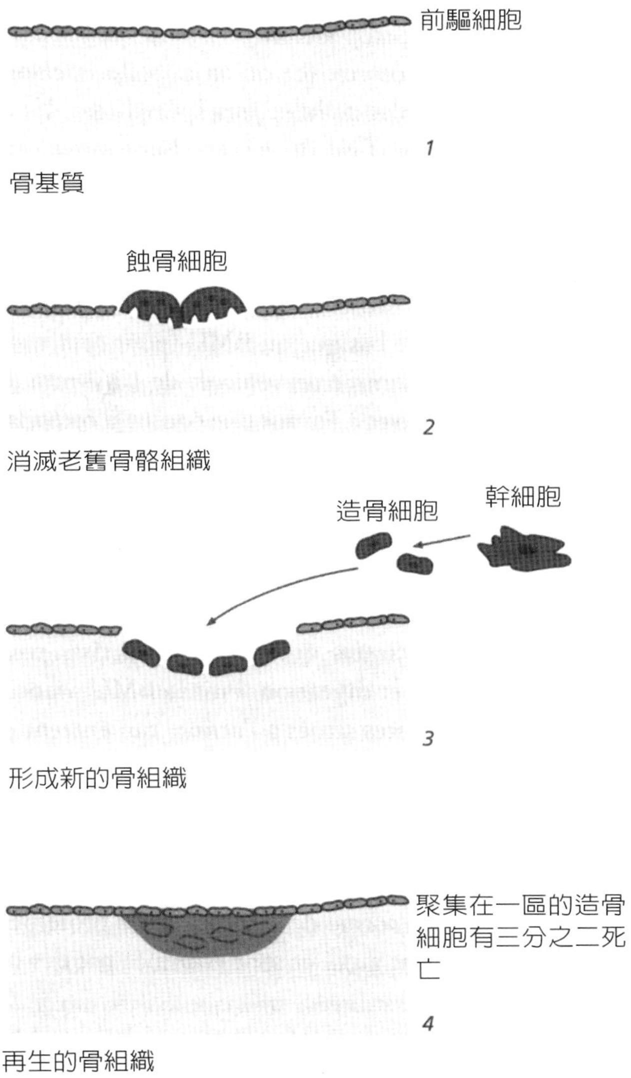

圖 7-1：不斷重新更換骨細胞組織能保持骨骼強度及耐力，在顯微鏡下，造骨及骨吸收的過程都在基本多細胞單位內進行。

骨質疏鬆症：一種骨重塑疾病

新生骨骼替代老化骨骼的骨重塑過程，在一生當中都必須仔細調節，不然就可能會造成骨質疏鬆症。

骨質疏鬆症分成兩類，第一型骨質疏鬆症發生在五十歲以後，第二型則在老年時發生。後者是造成大部分股骨頸骨折的原因，並且對健康造成災難性的後果。

這兩種骨質疏鬆症都跟骨重塑失調有關。

更年期之後骨重塑的步調加快，蝕骨細胞跟造骨細胞都被過量需求，結果引起失調，骨吸收大於造骨作用，因而引發骨質疏鬆。

第二型跟年齡相關的骨質疏鬆症並沒有提高骨重塑步調，而是造骨細胞不足，無法製造足夠的新骨[63]。

造骨細胞從哪裡來？造骨細胞是由骨髓裡的間葉系幹細胞（MSC）爲前驅細胞製造出來，再生能力很有限。重點來了：間葉系幹細胞製造造骨細胞的能力有其極限[64]。隨著年齡增加，間葉系幹細胞越來越少[65]，孕育骨細胞的能力也越來越低[66]~[68]，雖然有些學者對最後這一點有所質疑[69]。在所有以動物爲對象的研究裡，如天竺鼠、白老鼠跟人類，都能觀察到間葉系幹細胞的減少會使得孕育骨細胞的能力衰退[70]。這表示幹細胞不能永久供應造骨細胞給骨骼，因此造骨細胞會有用完的一天[71]。

在第一型由更年期引起的骨質疏鬆症裡，骨重塑的步調太快，無節制的需要更換造骨細胞，間葉系幹細胞因此被反常使用，可能造成幹細胞提早老化、數目及增生能力下降，製造出來的造骨細胞也漸漸不足，無法跟上骨吸收的速度。這正如密蘇里大學的羅伯．吉卡（Robert Jilka）教授所言：「骨骼新生跟破壞的平衡，有賴於相關作用的細胞數量，而非個別細胞的能力[72]。」

在第二型因年齡引起的骨質疏鬆症裡，間葉系幹細胞也是癥結所在，所以這個疾病可以歸類爲幹細胞疾病，因爲幹細胞不夠多，且增生能力也不足，無法提供骨骼足夠的造骨細胞所致[73]。

結論是，這兩種骨質疏鬆症都是因爲造骨細胞的母細胞——間葉系幹細胞的減少以及分化能力下降，造成造骨細胞不足所引起。

骨骼還是脂肪

隨著年齡遞增，做爲「母細胞」的間葉系幹細胞會產生越來越多脂肪細胞，而減少造骨細胞，因此骨髓裡的脂肪細胞數量增加，這就是爲什麼老年的動物骨髓那麼油的原因。人類最後三分之一的生命中，股骨腔內大部分都是脂肪細胞⑭。

保養骨骼的策略：挽救造骨細胞

跟我們直覺的想像相反，人類演化過程中發展出來保持骨骼健康的方法，並不是在數十年間一直刺激造骨細胞的生產。婦女是骨骼脆弱的高風險群，分析她們在各階段的改變可以獲得許多知識。所有醫生都知道女性荷爾蒙在更年期前一直扮演保護骨骼的角色，更年期之後若無替代的荷爾蒙治療的話，將會提高骨質疏鬆症及骨折的風險。

然而，時至今日大部分的人還是不清楚荷爾蒙是如何保護骨骼：其實荷爾蒙可以減緩骨重塑，也就是降低造骨細胞的生成速度，延長它們的壽命。聽起來有點矛盾，不過事實上人的身體就像在節約使用造骨細胞一樣。

更年期讓荷爾蒙驟減，因此刺激了間葉系幹細胞生成造骨細胞。吉卡教授是第一個提出這個概念的人：「荷爾蒙減少以後第一個產生的作用，就是刺激間葉系幹細胞分生成造骨細胞，然後引發蝕骨細胞增加與骨質流失的結果⑮。」也就是說，我們在骨質疏鬆症中

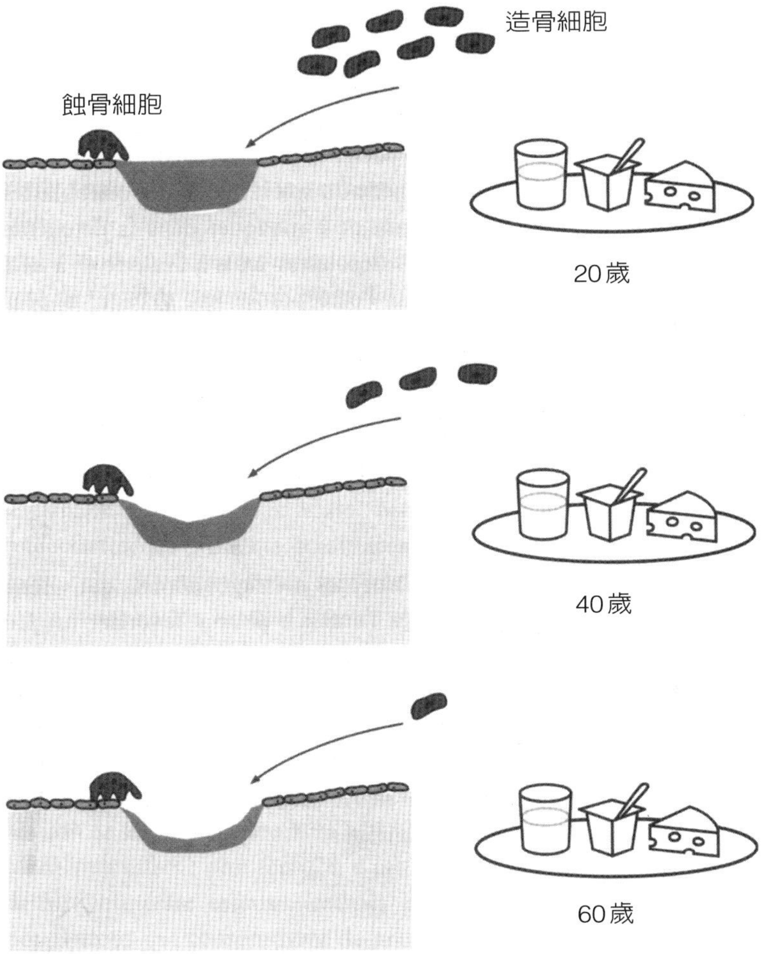

圖 7-2：長期大量攝取乳製品會刺激骨骼的發展或重塑，以至於提早把造骨細胞用完。

觀察到的骨質流失，其實是從刺激間葉系幹細胞開始的。

所以荷爾蒙在數十年間阻止「母細胞」的再生速度才能保護骨骼健康，這就是人體的自我防護機制：減緩骨重塑以保有骨骼強健。治療骨質疏鬆症的藥，如雙磷酸鹽等，其實也同樣的功能。

攝取大量乳品鈣質的後果

從小我們就按照營養專家的建議，攝取三到四份乳製品，因此現在正是關心骨骼大小事的時候了。

乳製品含有刺激造骨細胞繁殖的蛋白質㊆，乳品裡的鈣質似乎有啓動骨重塑的作用㊆，其他來源的鈣質則沒有發現這種功能㊇。

乳製品也含有另外一種令造骨細胞繁殖的重要因子，叫做第一型類胰島素生長因子（IGF-1），是促進生長和複製細胞的因子。乳製品不但內含第一型類胰島素生長因子，同時也會間接增加原生質內第一型類胰島素生長因子的數量。而第一型類胰島素生長因子能夠大量增加骨重塑，與刺激造骨細胞作用㊈。

再者，大部分的乳製品都是酸性食品。由於骨骼鈣質的碳酸鹽有中和體內過多的酸的作用，酸性食品會刺激蝕骨細胞作用及骨組織的破壞。但是在刺激蝕骨細胞作用的同時，酸性食品也因爲骨形成與骨吸收的耦合效應（Coupling Induction），連帶增加了造骨細胞的作用。於是，酸性食品也有助骨重塑的發生。

乳製品很顯然是刺激骨骼生長與活化骨重塑的最強力食品。從小開始攝取乳製品，傳達繁衍的訊息給幹細胞，促進造骨細胞的生成。如果持續攝取乳製品直到成年，同樣的訊息將導致同樣的結果：造骨細胞的繁殖，以及在一些大量攝取鈣質的人身上觀察到的骨質密度增加的情形。

要是我們的基因早已經適應這樣的情況，事情就很完美，但事實卻不是如此。我們的基因已經經過七百萬年的傳承，而乳製品卻是近一萬年才出現。我們的祖先並未大量攝取含有鈣質和第一型類胰島素生長因子的酸性食品。製造造骨細胞的幹細胞，天生不能適應這樣的刺激。

一生持續大量攝取乳製品，能讓你在前半生擁有高密度的骨質，但卻可能要付出以下代價：使數量有限的間葉系幹細胞及其供應造骨細胞的能力提早匱乏。這個匱乏又隨著年紀增長而加深，女性則從五十歲起，因荷爾蒙減少而惡化。

西方國家出生的女性從小就開始攝取大量乳製品（也是動物性飽和脂肪的主要來源），這些乳製品會引起女性荷爾蒙——雌激素和黃體酮升高。首先，這是因爲乳牛爲了要產生牛奶，幾乎一直處於懷孕狀態，而且在孕期後半段仍然繼續供應乳汁，而此階段是乳牛體內激素量最高的時期，因此牛奶裡也會含有這些荷爾蒙，再加上人體本身分泌的荷爾蒙。然後，牛奶裡的飽和脂肪也會助長性荷爾蒙分泌[80]。

坎貝爾教授觀察到，不喝牛奶也很少攝取飽和脂肪的中國女性，她們血液中的雌激素比美國女性少了三分之一（見章末框內文）。

不過我們也看到雌激素對骨骼確實有正面的影響；不是因爲它能夠刺激造骨細胞，而是阻止它的合成，進而延長它的生命，也能抑制負責破壞骨骼的蝕骨細胞[81]。所以多虧了高量的雌激素，西方國家女性至少在五十歲前，可以減低一些因乳製品對骨重塑作用的過度刺激。可是這也只有在雌激素分泌旺盛階段，也就是每個月爲期約二十天的時期才有作用。在經期前後，雌二醇濃度較低且骨骼流失的情形也較爲明顯。

我們知道，更年期導致女性荷爾蒙減少，美國女性降低的速度比中國女性快而且濃度降得更低。坎貝爾教授認爲，她們在這個時候特別脆弱。的確，雌激素的大量銳減，會伴隨著造骨細胞和蝕骨細胞的生成和活動力增加：這個瘋狂的骨重塑過程，使得原來已被破壞的骨骼製造來源更爲枯竭。

一項比較日本和英國女性骨質密度的研究發現，日本女性從黃豆、蔬菜和小魚中獲取適度的鈣質，而英國女性百分之四十的鈣質則來自乳製品。跟英國女性比較起來，日本女性發生股骨頸骨折的機率低了百分六十。

在更年期以前，英國女性的骨質密度雖然比日本女性高，但是更年期後，英國女性的骨質流失得更快。因此，乳品飲食可能是第一型停經後骨質疏鬆症與第二型老年性骨質疏鬆症的主要始作俑者。因爲在這兩種狀況下都欠缺造骨細胞，無法補足蝕骨細胞破壞後留下來的空隙㉜。

讓我們用運動做個隱喻：從孩童時起攝取過量的乳製品，就像在馬拉松賽的起跑點就開始衝刺，在前一公里時你當然會遙遙領先，但卻會是最後幾名抵達終點。

用乳製品對抗骨質疏鬆，也許不是什麼世紀好主意

如果我們證實這項假設，當前所有健康建議——鼓勵從孩童時代開始攝取過量的乳製品，實在不能算是維持骨骼健康的好建議。

營養師跟醫生以各種方法，尤其是經由乳製品，企圖讓兒童及青少年在接近三十歲時達到最高巔峰骨質量。但是，如此一來有可能加速造骨細胞的再生，並且使間葉系幹細胞存量枯竭。所有流行病學研究都顯示，大量攝取乳製品的國家，國民骨骼健康岌岌可危。

許多更年期婦女因爲女性荷爾蒙驟減而加速骨重塑作用，所以應該要減緩而非加速這

個作用；以這個角度看來，醫學界要更年期婦女每天吞下三份乳製品的建議就更不適用了，因爲正是這些乳製品在加速骨重塑作用。

乳製品對於老年人的益處也非常值得懷疑。第二型骨質疏鬆症特點在於造骨細胞不足，特別是因爲間葉系幹細胞製造脂肪細胞多於造骨細胞。而非脫脂的乳製品不只含有豐富的飽和脂肪，同時也含有單元跟多元不飽和脂肪，在兩種不飽和脂肪當中，主要的種類是 omega-6。

實驗顯示，乳製品中的脂肪有利於間葉系幹細胞製造脂肪細胞，而非造骨細胞[84]。所以，以乳製品爲基礎的飲食似乎並不適用於已經含有許多脂肪的老年骨骼。

而且總是捍衛乳製品的營養專家居然都沒提到，那些實驗中攝取這類脂肪的老鼠其骨質流失特別嚴重[85]。

骨質疏鬆症與癌症和青春期有關聯嗎？

攝取乳製品、動物性脂肪與蛋白質最大量的國家，是骨質疏鬆症和乳癌發生率最高的國家。在這些國家中，女性青春期的年齡不斷降低。在美國有些女孩十歲時就出現初潮，而在中國一些沒有飲用牛奶習慣的鄉村，這些地方的女孩很少會在十五歲前就有初潮。一些研究顯示，越早發生初潮的女性，後來罹患乳癌的機率也越高。坎貝爾教授認爲這是有關聯的：少量飲用牛奶解釋了爲何中國女性較少發生骨骼疏鬆症和乳癌，青春期也開始得較晚。「這暗示了造成骨質疏鬆症的因素，與引起乳癌的原因很類似。」

確實，眾多研究顯示，更年期前骨質密度較高的女性，罹患乳癌的機率較高⑧³。不過到目前爲止，流行病學研究報告並未建立令人信服的證據，證明大量攝取乳製品的女性得到乳癌的機率較高。

第八章　乳糖不耐症是一種病嗎？

牛奶的營養是食物中最完整的。它是特別重要的食物。

——乳品同業資料與文獻中心，巴黎

地球上約有百分之七十五的居民無法消化牛奶中的乳糖。一八六〇年一個以狗做爲試驗對象的實驗發現，無法被轉化的乳糖在消化道中會引起腸道疼痛和腹瀉。

但是嬰兒又是如何消化母奶？所有哺乳類幼體可以毫無困難的消化母奶，因爲牠們體內會製造一種稱作乳糖攜的酵素，將乳糖轉化成器官能夠吸收的兩種糖類：半乳糖和葡萄糖。但隨著成長，大部分的哺乳類會漸漸減少製造乳糖攜，因此也就越難消化奶類，或完全無法消化。

要解釋爲何乳糖攜的製造如此曇花一現，得回到人類演進史：在人類七百萬年的歷史裡，畜牧飼養的歷史還不到一萬年，在此之前的人類在二歲到四歲間斷奶之後，就沒有機會攝取任何奶類。飲用牛奶引起的消化障礙是世代遺傳的。

乳糖攜的減少不只發生在人類身上，而是哺乳類共同的準則。猴子、大猩猩、老鼠、狗、豬和兔子都曾受過研究，最後的診斷跟人類的情況相同：在成年時，體內的乳糖携會減少百分之九十。

因此，跟乳品廣告企圖讓人相信的事實相反，人類無法消化奶類不是一種疾病，也不是一種需要修正的異常狀況，這只是哺乳類和人類生理上的一個規則。事實上，除了北歐白人族群跟少數幾個有幾千年畜牧飼養習慣的游牧民族以外，包括牛隻在內，沒有任何成年哺乳類可以完整的消化牛奶。

什麼？你無法消化牛奶？這是不正常的！

成人無法消化牛奶被視爲不正常，醫生們是最先要爲這種錯誤觀念負責的人。醫生討論成人體內乳糖携濃度減少時，往往會使用一個名詞：乳糖不耐症。就像甲狀腺低下症一樣，乳糖不耐症這個名稱暗示了一種不正常的缺乏，可能會危害正常身體機能。醫生們對於奶類在飲食中扮演的角色的看法，跟醫學界使用的這個名詞密切相關：如果這個名詞代表了一種基因異常，就證明一生中持續飲用牛奶是很自然的。

我尋找了這個名詞的來源，發現這是誤會的結果。

一九六三年，兩組研究人員曾經觀察成人體內乳糖携活動減少的現象。那個時代的研究常是針對歐洲人或歐洲後裔的北美人，因爲這些族群的成人常能保有酵素的活動力。正因如此，當時便認定人類一生中體內都應該有乳糖携的活動：如果人類可以完全吸收牛奶，有什麼會比不攝取這種食品更不正常？

但是之後進行了一些針對其他族群做的研究，到了一九九四年才不得不承認這個事實：就人類而言，成年後酵素持續存在才是異常的狀況。

也許有人會認爲，只要在斷奶後繼續飲用牛奶就能保有乳糖携的活動力，但這是錯誤的觀念，因爲，乳糖携的活動力是由基因控制。

乳糖耐受：突變還是奠基者效應？

曾經有人針對有長遠畜牧飼養傳統的族群做研究，也就是那群占全球人口百分之二十五的族群；這些人的祖先大多居住於北歐和烏拉河流域。北歐人有百分之八十在成年時仍然保有乳糖携的活動力（法國有百分之五十九），相對的東南亞人爲百分之〇。而達能、優沛蕾和雀巢卻在東南亞設廠，決心讓當地無法消化牛奶的族群暢飲牛奶。在這裡必須特別說明的是，甚至有一部分的北歐人也無法消化牛奶[86]。

一九七〇年加州大學戴維斯分校的佛德瑞克・希孟斯（Frederick Simoons）提出一項假

設，來解釋大部分的新石器時代畜牧者的後代成年後體內繼續製造乳糖搆的原因。他假設這是因爲這些族群的基因突變所造成的優勢。事實上，最早因營養缺乏及飢餓而導致疾病的案例，發生在石器時代。如同我在《史前時代的飲食習慣》（*Le régime préhistorique*）所揭露的，原因是過量食用穀類會阻礙一些礦物質的吸收（注：穀物裡的某些成分〔譬如植酸〕會跟礦物質〔尤其是鋅跟鎂〕結合，阻礙人體吸收）；還有種植單一作物使得人民身體健康狀況都得看天氣臉色。

希孟斯估計在如此脆弱的背景下，成年後如果體內能繼續製造乳糖搆，可以讓身體能利用牛奶中的蛋白質，讓他們在歉收的時期捱過饑荒。因此，族群中這些人的比例就增加了。

不過這項假設有其爭議。其他研究員認爲耐受牛奶不足以在人類演化史上形成一種優勢。根據他們的說法，如果乳糖耐受是基因突變的結果，那表示在二百到三百代之間，基因突變的比例高得反常。因此，他們寧可提出遺傳學的「奠基者效應」（Founder Effect）(87)：當一小族群人遷移到另外一個新的棲息地，或當這個族群規模變小時，這個新社群體內奠基者的基因會不成比例的頻繁出現。

某些研究員認爲，當時的畜牧飼養者能夠消化家畜的奶品，例如在非洲的乾旱時期，就能形成一種物競天擇的優勢。我們稍後再來看看這項優勢如何在今天成爲嚴重的缺陷。

誰可以消化牛奶？

北歐有百分之八十的成年人體內還保有乳糖攜的活動力，其中芬蘭人裡有百分之八十四，在法國有百分之五十九的成人能夠消化牛奶，義大利南部則只有百分之十一。越接近地中海地區的人民，乳糖攜的活動力就越低，但巴斯克人有別於其他民族，一如往常有高達百分之九十二的人口在成年後仍保有乳糖攜的活動力。在美國的北歐移民後裔有超過百分之九十的成人保有乳糖攜的活動力，但是非裔美人中只有百分之十二。非洲東部（索馬利亞）只有不到百分之十的成人保有乳糖攜活動力，在摩洛哥有百分之四十九。而百分之六十三的游牧民族（薩拉威人），以及百分之七十居住在蘇丹喀土穆東方的部落民族成人，仍保有乳糖攜的活動力。

芬蘭赫爾辛基大學研究員納比・沙布里伊坦那（Nabil Sabri Ettanah）在二〇〇五年進行一項基因研究，以了解何以北歐成年人體內持續存在乳糖攜。他認爲乳糖耐受基因源於四千八百到六千六百年前，生活於烏拉河谷東面的中亞游牧民族，基因的突變讓他們能夠消化牛奶。這些游牧民族向西方遷徙，居住在高加索和黑海北部窩瓦河和烏拉河之間，接著在西元前二千五百到一千五百年間居住在北歐。

無聲的流行病

一個北歐裔白人喝下牛奶時，牛奶中的乳糖會在小腸被乳糖攜分解成半乳糖和葡萄糖，再進入血液循環。

當身體不再製造乳糖攜或只製造少量乳糖攜時，攝取含有大量乳糖的乳製品後，乳糖將在缺乏乳糖攜的情況下被腸道中的微生物代謝。這些微生物會利用乳糖製造出氫和其他有害物質，包括發酵物質和有毒因子：乙醛（acetaldehyde）、乙醯甲基甲醇（acetoin）、丁-2,3-二醇（butant-2,3-diol）、雙乙醯（diacetyl）、乙醇（ethanol）、甲酸（formic acid）、甲烷（methane）、1,3丙二醇（propane-1,3-diol）、吲哚類（indoles）、短鍊脂肪酸（short chain fatty acid）和不同的有毒分子。乳糖在血液裡可被視爲一種有毒物質，這些毒性物質會依據引起霍亂和其他腸胃炎的腸毒素，像是大腸桿菌或產氣莢膜芽胞梭菌（Clostridium perfringens）的同功機制，作用於神經系統、心血管系統、肌肉和免疫系統[88]。

醫學之父希波克拉底（Hippocrate）是首位描述乳糖不耐症症狀的人，但並不是所有人都會有症狀。在現今的醫生眼中，乳糖不耐症通常會引起腹瀉和其他胃腸問題。但是實際上對乳糖不耐症者來說，問題不只是如此。

乳糖的作用可以畫成一個一般中毒症狀表：頭痛、頭暈、精神無法集中、記憶力問

乳糖不耐症的病徵

卡地夫大學的學者給一百三十三位病患每人五十克的乳糖（相當於一公升牛奶裡的含量），然後觀察記錄了四十八小時內出現的症狀[94]。

消化症狀	出現症狀病患百分比（%）
腹痛	100
腹脹	100
腹鳴	100
排氣	100
腹瀉	70
便祕	30
噁心	78
嘔吐	78
系統性症狀	**出現症狀病患百分比（%）**
頭痛及暈眩	86
無法集中精神，暫時性健忘	82
肌肉疼痛	71
關節疼痛、僵硬、發腫	71
過敏（紅疹、搔癢、鼻炎、鼻竇炎、氣喘）	40
心律不整	24
口腔潰瘍	30
喉嚨痛	<20
頻尿	<20

題、極度疲倦、肌肉關節疼痛、過敏、心律不整、口腔潰瘍和喉嚨痛等⑻~⑼。

爲什麼醫生通常對這些症狀不太清楚？首先，因爲他們忽視了乳糖不耐症並不只影響到消化系統，而且症狀會因時間和人有所不同。最後，醫生並不了解乳糖在我們的飲食世界裡占有多大分量。

光排除飲用牛奶還不夠

醫生診斷出乳糖不耐症時，第一反應通常是要病人停止喝牛奶。如果病人在停喝牛奶後情況沒有得到改善，醫生就會放棄乳糖不耐症的診斷，轉向其他診斷方向。但問題是到處都有乳糖，像鮮奶油、冰淇淋和優格等這些平時較不讓人懷疑的乳製品，都含有乳糖。優格常被認爲是一種不含乳糖的食品，因爲優格中的乳糖已經被乳酸桿菌分解（乳酸桿菌會產生乳糖攜），所以乳糖不耐症者可以繼續安全的食用優格。但事實上，優格內乳糖含量會因製造過程有所不同，例如添加乳脂或牛奶的其他固體副產品的優格裡，其乳糖含量跟牛奶一樣多，其他的優格乳糖含量則是牛奶的一半。

而且，殺菌過的優格和優格冰淇淋中，乳酸菌的酵素會因爲過程中所使用的溫度（高溫或低溫）起不了作用，因而一樣會有大量乳糖進入人體。只是，與喝牛奶比起來，我們攝取優格時乳糖不耐症的徵狀一般會減輕三分之二，但是不會完全消失，仍然可能對乳糖不耐症者的健康造成傷害。在乳製品中，乳酪的乳糖含量相對較少，一公斤的帕馬森乾酪的乳糖含量才與一杯牛奶相同。

除了不要攝取牛奶、鮮奶油、冰淇淋和優格，還得避免一些添加乳糖的食品和飲料！因爲乳糖的適當甜度（比糖少了六倍），加上它不像糖會被酵母破壞，因此食品工業對乳糖有高度興趣。食品工業只要在產品內添加乳糖就不必擔心食品風味會改變，時間久了也不會產生二氧化碳或酒精這兩種酵母代謝的副產品。另外，乳糖也被用來穩定香味、吸收色素、當做乳化劑，並因其乾燥及黏性特點被食品工業所採用。

一九七九年美國製造了五萬噸乳糖，二十年後產量已經增加了五倍，到今天更達到近三十萬噸。法國跟德國一樣，有一千二百萬噸的牛奶被製成乳酪，在這個過程中會產生一千萬噸的乳清；每年其中的一百萬噸乳清會被用來生產四萬噸的乳糖。這些乳糖都被添加到食物裡，用來幫助麵包、糕點和工業化生產的蛋糕、蛋糕半成品、洋芋片和薯條的褐化反應；它也可能混入麵糰、肉類加工品、香腸、臘腸、漢堡裡，甚至被注射到雞肉裡。糖果、汽水、啤酒裡都有它的存在，甚至做爲藥物的賦形劑。一些代餐和速食包裡乳糖含量跟牛奶一樣多。使用減重餐的女性可能吸收到最多一百克的乳糖，相當於二公升牛奶的含量，卻沒有被正確告知。這就解釋了數年、甚至數十年間，我們即使排除飲食中所有的乳製品，仍然沒察覺乳糖不耐症的原因。

誰不能消化牛奶？

哪些人是乳糖不耐受者？少數針對這個主題的實驗研究發現，部分缺少乳糖攜的人，可以攝取少量的乳糖（每日約十到十二克，相當於一杯牛奶的量）而不會感覺不適。不過乳糖忍受程度因人而異：有些人可以喝一杯牛奶，有些人喝了巧克力牛奶中幾克的牛奶含量就會不適。美國國家糖尿病、消化及腎臟疾病研究院（NIDDK）估計有三千到五千萬人是乳糖不耐受者。在法國還沒有正式的估計，但是約百分之四十一的人有消化牛奶的問題，約是二千萬人。根據臨床研究結果，如果在攝取十二克乳糖的情形下，有百分之二十的乳糖不耐受者，那我們可以估計有四百萬名法國成人參與了這場無聲的流行病，約有八十五萬名五歲以上的孩童和青少年處於相同情況。又因爲食物中添加的乳糖年年增加，五百萬名乳糖不耐的法國人可能只是最保守的數字。

在一項研究裡，將近一半有慢性腹瀉問題的患者，其實都是乳糖不耐受者[95]。

如果你認爲自己有相同情況，可以用DNA檢測來證明，或者在攝取五十克乳糖後（兒童則依體重而定，每公斤一克），測量呼氣中的氫含量。

如果這些測驗結果是肯定的，那麼接下來要採取的態度可能要視你的醫生對乳製品之必要性的看法而定。一位與乳品工業親近的法國胃腸病學專家在最近的一篇文章中保證：「乳糖不耐症者只需要服從簡單的飲食建議，仍有可能在飲食中維持乳糖的攝取[96]。」而該領域與乳品業毫無掛勾的專家，卡地夫大學的安東尼．康貝爾（Anthony Campbell）教授，則以不同的角度看待乳糖不耐症：「一旦測驗結果肯定後，我們建議杜絕乳糖的飲食十二週。如果症狀大幅減輕，便可以確認病患是乳糖不耐受者。」除非是微量（譬如乳酪），不然康貝爾教授不建議在飲食中重新攝取乳糖。他說：「完全排除乳糖的飲食改變了向我們尋求協助的三百位病人的生活。」

第九章　牛奶中的蛋白質是腫瘤的開關器

相信那些不時出現而其實毫無根據的警訊，認爲乳製品有致癌傾向，其實是剝奪身體保持骨骼健康必需的鈣質來源。

——法國國家營養健康計畫委員會主任委員塞吉・赫伯格（Serge Hercberg）醫生，二〇〇三年七月

我們的研究顯示，乳製品對前列腺癌的發生機率的確有負面影響。

——赫伯格醫生，二〇〇六年三月

假設科學家公布存在於我們飲食中的一種物質，會使食用該物質的白老鼠癌症發生率達到百分之百，沒有食用這種物質的罹癌率爲零，我們會做何反應？又如果科學家們再告訴大家這種物質存在飲食中足夠產生作用的劑量，大家又會有何反應？這對人類健康的影響就會很深遠了。

然而，這種物質確實存在。

紐約康乃爾大學名譽營養學教授坎貝爾博士，就喜歡用這些謎樣的字眼開頭，敘述他本來應該有機會上報紙頭條的一系列實驗。但是大家肯定從來沒聽過他的這一系列實驗。我來告訴大家爲什麼吧。

坎貝爾教授於一九六〇年代初期完成紐約州康乃爾大學的學業。當時人們著了魔似的鑽研使牛羊快速成長的方法，以便迅速製造大量且平價的動物性蛋白質。他拿到營養生化博士學位後，立即受到麻省理工學院雇用，但麻省理工學院對牛羊研究一點興趣也沒有，他們要研究的對象是雞。

當時美國境內的養雞場每年有數百萬隻雞因不明原因死亡，大家懷疑是某種有毒化學物質所致，但沒有人知道眞相。坎貝爾教授於是參與了戴奧辛的發現，著手研究這種在焚燒木材或垃圾的過程中所形成的物質。

這項在麻省理工學院的成功研究，爲他在一九六五年進入維吉尼亞大學開了大門。維吉尼亞大學當時正參與在菲律賓展開的一項飲食計畫。十年來，美國在菲律賓使用傳統方式，用增加蛋白質的攝取來打擊營養不良的問題。由於花生容易種植，美國研究員於是鼓勵菲律賓人民攝取花生做爲蛋白質來源。但是他們忽略了這類豆科植物常會感染黃麴毒素這種黴菌，而動物在攝取後會導致肝癌的發生。由於坎貝爾教授曾經揭露了美國養雞場雞隻死亡的原因，人們於是仰賴他調查花生感染黴菌的問題。

營養過剩產生的疾病

當坎貝爾教授抵達當地，他發現那裡的花生和玉米大量受到污染，花生油比美國多出三百倍的黃麴毒素。他還發現尤其是在大量攝取花生和玉米的區域，有許多菲律賓孩童罹患肝癌，在西方國家肝癌只發生在四、五十歲壯年人的身上。然而，坎貝爾教授最驚人的發現是：罹患肝癌的孩童大多生長於遵行西方飲食，也就是攝取有益健康的動物性蛋白質的富裕家庭中。怎麼可能呢？該年代的科學家都知道，攝取少量蛋白質的發展中國家，該地人民的肝癌發生率較高，甚至有些科學家認爲缺乏蛋白質助長癌症發展。但是，菲律賓的情況提供了一個反例。

一組印度科學家選擇在這個時候，於一本默默無聞的醫學期刊上公布一項耐人尋味的研究結果。他們針對兩組老鼠進行實驗，研究人員給第一組餵食黃麴毒素與高達百分之二十蛋白質含量飲食，第二組則餵食一樣的黃麴毒素，但是飲食中的蛋白質含量控制在百分之五。結果令人瞠目結舌：攝取百分之二十蛋白質含量的老鼠全數罹患肝癌，但所有攝取百分之五蛋白質含量飲食的老鼠，即便也吸收了黃麴毒素，卻避免了肝癌的發生[97]。坎貝爾教授表示：「這項訊息全盤否定了我過去所學。在當時主張蛋白質對健康有害會被視爲異端，更不用說宣稱蛋白質會致癌了，這成了我事業中的轉捩點。」

除了坎貝爾教授，沒人相信印度研究員的研究結論。麻省理工學院的保羅·紐本（Paul Newberne）教授認為：「他們一定弄錯籠子了，富含蛋白質的飲食不可能會致癌！」

癌症的開關

坎貝爾教授為了得到解答，向美國國家衛生機構申請並且獲得研究補助。一九七〇年代初期，我們已經知道黃麴毒素如何改變DNA，繼而引發癌症。黃麴毒素經由一種叫做混合功能氧化攜（MFO）的酵素轉化（科學家稱之為代謝）；當黃麴毒素進入細胞後，混合功能氧化攜會負責將它轉化成一種破壞性物質，成為非常危險的代謝物。

美國研究員決定先觀察印度研究員使用的兩種不同蛋白質含量的飲食，是否對這種酵素的活性產生作用。坎貝爾教授憶起當時道：「在含有百分之五蛋白質的飲食中，我們觀察到氧化攜的活性明顯降低。這表示在蛋白質含量較低的飲食中，由黃麴毒素轉變形成的危險代謝物也較少。一九七六年時，我們已經證明這樣的飲食對DNA的損害也較少。事實上，我們最後發現當蛋白質攝取減少時，所有引起腫瘤的機制都會受到阻礙，進入細胞內的黃麴毒素較少，細胞增殖速度較慢，氧化攜的活性降低，對DNA的損傷當然也因而減少。」

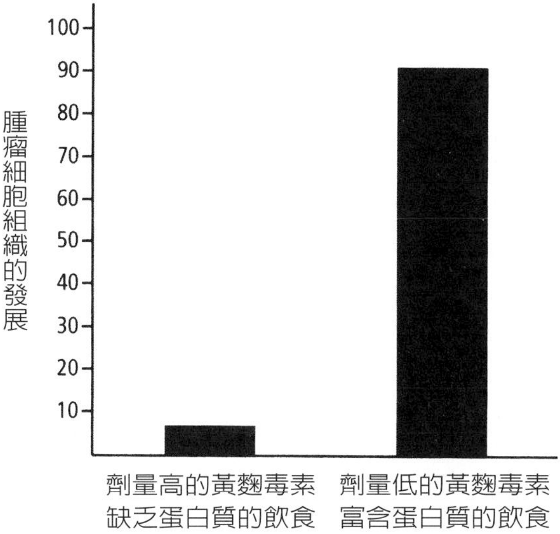

圖 11-1：飲食中蛋白質比例與腫瘤細胞組織發展的關係：出自坎貝爾教授的《救命飲食》。

這些研究的影響範圍廣大，除了爲印度的研究增加了可信度，也提出創新觀念，指出致癌性物質並非直接產生作用。就像暴露在結核分枝桿菌中不一定會得到肺結核一樣，細胞內有許多控管機制都會隨著環境改變而調節。

但是如果膳食蛋白質有助於腫瘤的生成，當腫瘤到達促進期時，它又扮演什麼角色呢？坎貝爾教授和他的研究團隊從老鼠身上觀察癌症形成時腫瘤細胞組織的發展。研究人員在一組老鼠的飲食中加入百分之二十的蛋白質，另外一組加入百分之五。得到的結果再次引人注目：腫瘤細胞的發展幾乎是完全依賴飲食中的蛋白質。

研究員在給老鼠攝取缺少蛋白質的飲食前，先讓牠們暴露於大量的黃麴毒素中；相反的，另一組攝取百分之二十的蛋白質的老鼠則給予少量黃麴毒素。由於飲食中豐富的蛋白質，吸收較少量黃麴毒素的老鼠，其體內反而有較多的腫瘤細胞組織形成。

坎貝爾教授接著進行另一項更複雜的實驗。首先，他給予所有老鼠相同劑量的致癌黃麴毒素，接著在進入促進期的十二週交替餵食蛋白質含量百分之五和百分之二十的飲食。每三週改變飲食習慣，總共會有四個不同的週期。

前三週中吸收百分之二十蛋白質的老鼠，其體內的腫瘤細胞組織發展一如預期。在第二週期初始階段，腫瘤細胞組織因飲食的改變發展急遽變緩。而當飲食中的蛋白質含量又開始增加時，腫瘤細胞組織也重新發展。發展曲線就這樣跟著蛋白質含量多寡而變化。

這項研究顯示，飲食中的蛋白質含量能夠調節由黃麴毒素引起的癌症的發展。但是蛋白質的含量需要達到什麼程度呢？一項新的實驗發現，當老鼠吸收的蛋白質含量不超過總熱量的百分之十時，腫瘤細胞組織幾乎不會成長。一旦超過這個標準，腫瘤細胞組織即隨著蛋白質含量增加而成長。

坎貝爾教授自問：致癌分子是否可能只有在「某種」營養攝取狀態下才會引發癌症？在日常生活中我們都在不斷接觸致癌物質，但是否只有當我們攝取某些有助腫瘤形成的飲食時，才會形成癌症？光靠坎貝爾教授的這些研究，並沒有辦法完全解答這些非常重要的問題。不過，研究組員倒是能夠回答另一個問題，如果你專心追蹤了這一長串黃麴毒素作用的研究，大概就會提出這個問題：蛋白質的種類重要嗎？

哪類的蛋白質與腫瘤生長有關？

蛋白質來源分爲動物性和植物性。到目前爲止，坎貝爾教授研究時使用的蛋白質都是從牛奶取得的酪蛋白，牛奶中有百分之八十五的蛋白質屬於酪蛋白。坎貝爾教授決定使用黃豆和小麥的植物性蛋白質來做比較。

在一項新的實驗裡，分別給予老鼠食用含有百分之二十酪蛋白、百分之二十穀蛋白（小麥來源的蛋白質）和百分之五酪蛋白三種飲食。實驗發現，穀蛋白對腫瘤的生長完全沒有影響。我們也測試了黃豆蛋白質，它同樣也不會產生作用。「我們剛剛發現，不管暴露在劑量多高的致癌因子下，只要改變蛋白質攝取量，我們就能夠跟控制開關器一樣，控制癌症的成長。然而，這個蛋白質並非指所有的蛋白質，而是在牛奶中的蛋白質。在當時，對我的營養學同袍而言，光接受蛋白質有助癌症發展這個觀念就已經很困難了，更何況是牛奶內的蛋白質？這對他們來說根本無法想像！」

接著是進行大規模長期實驗的時候了。研究者用了數百隻老鼠，牠們全部暴露於相同劑量的致癌黃麴毒素環境。老鼠的平均壽命爲二年，在一百週後，研究結果出爐。研究數字揭曉時，眞是非常驚人。所有攝取百分之二十酪蛋白的動物不是死亡就是處於死亡邊緣，而攝取百分之五酪蛋白的動物則全數活著。毫無疑問：牛奶內的酪蛋白對吸收黃麴毒素的老鼠而言，不啻是強效的肝癌催化劑。但，酪蛋白只對黃麴毒素產生作用嗎？

坎貝爾教授公布這個令人不安的酪蛋白研究報告時完全被漠視，因爲當時科學家正全神貫注於另一個肝癌起因：B型肝炎病毒。他們開始解讀病毒引發癌症的機制，製造疫苗，但是沒有人懷疑飲食跟肝癌的關係。坎貝爾教授於是申請補助，計畫把B型肝炎病毒套用在黃麴毒素的實驗方法中，雖然一開始因爲題目過爲聳動而使申請遭到拒絕，但他不氣餒，最終在別處申請到一個微薄的研究獎助金。他給予感染B型肝炎病毒的老鼠富含百分之二十二酪蛋白的飲食，最後這些老鼠都得到肝癌；而攝取百分之六酪蛋白的老鼠，沒有一隻生病。

這個引人深思的實驗結果促使一批伊利諾州大學的研究員使用相同的飲食和實驗方式，以老鼠做爲受試對象研究乳癌。他們也觀察到高劑量的酪蛋白有助於暴露於兩種不同致癌因子下的老鼠引發癌症。

「即使我開始相信大量攝取酪蛋白易導致癌症的發生，我也避免把事情概括化。」坎貝爾教授說。這位嚴謹的科學家需要以人類爲對象做研究，雖然繞了一些莫名的遠路，不過這天終將到來。

第十章　牛奶中的致癌加速器

鈣質對於降低罹患前列腺癌風險的影響越來越受關注，從飲食中攝取適量的鈣質，被視爲有益健康。而牛奶和乳酪等乳製品是日常飲食的首要鈣質來源。

——法國食品衛生安全局

爲了讓成衣樣版更符合現代法國人的身材，紡織業者於二〇〇三年春天至二〇〇四年十二月進行了一項身材普查，並於二〇〇六年二月二日公布結果。調查發現，現代法國女性的平均身高爲一百六十二．五公分，體重六十二．四公斤；男性的平均身高爲一百七十五．六公分，體重七十七．四公斤。而前一次身材普查於一九七〇年完成，當時法國女性平均身高一百六十．五公分，男性爲一百七十．一公分。

三十五年來，法國男性身高增加了百分之三，大約長高五．五公分。這樣的成長代表什麼呢？

與路易十五、十六時期三萬八千名入伍新兵的身材測量結果做比較，一六七〇年代的法國男性平均身高爲一百六十一．七公分[98]，他們花了三百年才長高了八公分；但這之後不到三十五年，他們就足足增高了五．五公分。的確，法國人的平均身高在近三個世紀以來產生很大的變化。

不只是法國人，其他國家的人民也有長高的趨勢，原因究竟爲何？

一群美國研究員爲了找出原因，在一九九九年到二〇〇二年間測量了數千位五歲到十七歲兒童的身材，並且記錄下他們的飲食習慣。他們發現，牛奶的攝取是促進長高的主要原因⑲；喝得越多，長得越高。

記得牛奶的先天用處吧？牛奶裡含有大量的蛋白質、脂肪、糖類（乳糖）和十幾種激素，這些成分都刺激小牛快速生長。初生的小牛重量約二十到六十公斤。第一個月，小牛的體重平均每天增加四百克；自第三個月起，平均每天增加一公斤。一頭夏洛利牛體重在五個月內成長四倍，一年後增加八倍，在自然環境裡成長的牛會在這時候斷奶。但一個小男孩則要到八歲時，他的體重才會是他出生時的八倍。

小牛在一歲時斷奶，這是因爲牛奶此時已經完成它的重要任務，亦即讓小牛成長到夠強壯的程度。而小孩的斷奶時機，則是在三、四歲時。

數千年前，幾個原始人類部落開始了一個在其他哺乳類動物身上都不存在的行爲：在日常生活中飲用母牛奶水，這種被初生動物極短暫使用的食物。這麼做在這些人的身體裡注入了連大自然都沒給小牛的成長因子。

生長激素養大的小孩

人類飲用牛奶的同時，吸收了促使小牛成長的營養素，而這些養分的濃度則取決於擠奶階段。這些營養素當中最爲人所知的就是類胰島素生長因子第一型（IGF-1），這是一種可以使細胞增殖的生長因子，對所有生物來說都是強力生長激素。

酪農業者在很長一段時間裡都否認牛奶中的IGF-1會進入飲用者的血液循環系統，爲什麼呢？很快你就會明白。

一九八九年，孟山都生物科技公司（Monsanto Company）強硬要求美國食品暨藥物管理局批准食用半合成生長激素的牛隻之肉品與牛奶商品化。這種半合成生長激素因爲可以增加牛奶產量，長久以來一直爲乳品工業所使用。事實上，這些動物的組織和奶水裡都殘留有這種特殊、經過重組的IGF-1，而它和動物體內天然的IGF-1稍微不同。

一九八〇年代末期，一些持反對立場的消費者組織擔心這些重組的IGF-1可能會殘留在食物裡，與孟山都公司展開激烈的辯論。他們所擔心的，正是因爲研究者發現IGF-1是重要的致癌因子。

沒錯，IGF-1不僅促進健康細胞的生長，也能讓癌症前期及癌細胞加速發展。不少研究結果顯示，血液裡IGF-1濃度越高的人，在五十歲前罹患乳癌⑩~⑩、前列腺癌⑩~⑩和肺癌的風險也越高。

孟山都公司因此在一九八九年提交一份研究計畫給美國食品暨藥物管理局，他們以老鼠做實驗，將重組的IGF-1經由食物、輸液、或者注射方式輸入老鼠體內，企圖證明食物裡的IGF-1絕不會被吸收。他們的研究發現，經由輸液或是注射到老鼠體內的重組IGF-1，會在老鼠組織中殘留較高的濃度，但是這個情形並未出現在那些以口服方式吸收重組IGF-1的老鼠身上。這項研究結果從來沒有正式公布，但美國食品暨藥物管理局卻接受了實驗結論⑩⑥。

因此，美國在一九九三年核准在家畜身上使用生長激素。

正當輿論爭辯孟山都的重組IGF-1可能存在風險時，美國的一些協會組織開始發現我們其實從未眞正質疑牛奶中的IGF-1是否會被吸收。

這個懷疑是很合理的，因爲雖然重組的IGF-1與人類的IGF-1結構不同，但是牛奶中天然的IGF-1卻跟我們身上令細胞增生的IGF-1完全相同，而它增生的可不只是那些可以使孩童長高的細胞。

若將乳癌細胞暴露在IGF-1中，不管是人類的還是乳牛的，都會快速繁殖。但乳品工業在警覺到問題後立即做出反應，認爲孟山都的研究報告已經明確說明：不論是牛體內的天然IGF-1或是重組的IGF-1，都不會進入人體血液中。

牛奶中的IGF-1的確會進入血液中！

一九九七年，一組日本研究人員用IGF-1餵食老鼠，結果在老鼠的血液循環系統內發現將近百分之十的IGF-1殘留(107)。實驗證明，這種生長因子不會因爲消化而被完全消滅。此外，最近的幾個研究也證實口服方式攝取的IGF-1也能夠被吸收(108)。那些攝取IGF-1的老鼠比起飲食攝取正常的老鼠，牠們的器官成長更快速(109)。

這些日本老鼠順便又給乳品工業增添一則更令人憂心的新消息。當給予老鼠定量的IGF-1和酪蛋白之後，研究人員在老鼠血液循環系統裡不只發現百分之十的殘留量，而是有高達百分之七十的IGF-1殘留！酪蛋白又回來了，坎貝爾教授只針對它研究，而在牛奶中，酪蛋白與一種生長因子組合在一起，便形成名符其實的突擊二人組！

這時我們就應該自問，當我們給孩童酪蛋白跟IGF-1（也就是乳製品）時，這些物質會如何在他們的體內作用？

一些丹麥研究員分析了九十位平均年齡二．五歲孩童體內的IGF-1殘留率。結果發現，喝越多牛奶的孩童，體內IGF-1殘留量也越多。經研究員的計算，當我們讓平常攝取二百毫升牛奶的孩童再多攝取四百毫升的牛奶時，體內IGF-1量增加了百分之三十(110)。人體細胞一接觸到牛奶，生長速度於是加快(111)，這就像是替細胞運作機器安裝了加速器。

爲何乳製品攝取量大的國家人民身材較高大，這已是無庸置疑了。美國人平均身高爲一百八十公分，荷蘭人爲一百八十四公分，而法國人爲一百七十五公分。百分之二十的荷蘭人身高超過一百九十公分，在法國超過一百九十公分的人口只占了百分之一．五。相反的，在日本這個相對少量攝取牛奶的國家，人民平均身高爲一百六十五公分。

研究資料顯示，牛奶能夠增加所有成長中的兒童青少年，無論是九個月大的嬰兒⑫、七到八歲⑬，或十二歲⑭孩童血中IGF-1濃度。而牛奶對成人又有什麼樣的作用呢？成人體內的IGF-1濃度會依不同因素影響而變化：它會隨年齡增長降低、體重過重者濃度較高、接受荷爾蒙替代療法的停經期婦女濃度較低。

飲食習慣也可能改變血液裡IGF-1的濃度。什麼食物會讓血中的IGF-1升高呢？經過數次在各年齡層男性⑯與女性⑰身上所做的研究證實，答案是牛奶⑮。在一項實驗裡，研究員讓二百〇四名男女完全遵照官方建議，每天攝取三杯牛奶，結果每人體內IGF-1的濃度平均增加了百分之十⑱。

哈佛大學公共衛生學院進行了多項此類實驗，流行病學系系主任華特．魏勒特（Walter Willett）教授認爲，從研究實驗看來，假使牛奶裡的IGF-1會被人體吸收，而且與其他分子例如酪蛋白合作因而提高人體內的IGF-1濃度，它便很可能是促成某類癌症發生的原因之一。

前列腺不愛乳製品

我們已經知道IGF-1濃度越高，前列腺癌罹患率也隨著增加。癌症流行病學專家艾德華・喬凡努奇（Edward Giovannucci）擁有世界獨一無二的健康專業人員追蹤研究（Health Professionals Follow-up Study）科學數據；哈佛大學從一九八六年起開始做追蹤，掌握將近五萬名醫生、牙醫、藥師、獸醫和其他健康相關職業人員的資料。

一九九七年，喬凡努奇將前列腺癌發生初期與膳食鈣質的攝取連結在一起。事實明白顯示：專業衛生人員中攝取較多量鈣質的人（每天二克以上），尤其是那些攝取較多乳製品的人，與攝取較少鈣質的人（每天五百毫克以下）比較，前者的前列腺癌罹患率是後者的三倍。這份研究報告於一九九八年公布。

喬凡努奇不是唯一追蹤這項重大訊息的人。自一九八六年起，世界衛生組織就開始分析五十九個國家人民每人的牛奶攝取情況和前列腺癌死亡率。他們發現牛奶攝取量較大的國家，前列腺癌死亡率也較高⑲。世界癌症研究基金會（World Cancer Research Fund）與美國癌症研究學院（American Institute for Cancer Research）於一九九七年聯合發表一份關於當代對癌症知識的文件，一百二十位參與編輯這份資料的科學家寫道：「富含牛奶和乳製品的飲食習慣，可能增加前列腺癌的罹患率。」

二〇〇〇年代初期，當流行病學研究不斷累積，這個趨勢就越來越明朗，看來乳製品確實是導致前列腺癌的危險因子（見框內文）⑫⓪。

位於里昂的國際癌症研究中心（CIRC）於二〇〇二年出版癌症環境因素分析報告。他們檢驗了流行病學研究公布的結果後，提出乳製品與前列腺癌「確切的關聯」。事實上，情況非常令人擔憂，以至於美國癌症研究學院被迫要給大眾一個交代。二〇〇二年二月，他們向新聞社發出一篇字斟句酌的公函，在序言中表示：「以我們目前所知，我們無法眞的肯定或否定乳製品攝取會提升前列腺癌罹患率的說法。」然而有史以來頭一遭，美國癌病研究學院卻認爲有足夠令人震撼的證據，對大眾發出謹愼建議：「應該少量攝取乳製品。」而法國衛生當局在此時選擇對法國人民說明哪些食物可以預防癌症，以及哪些食物與某些癌症罹患率增加有關，應該適度攝取。

流行病學家怎麼說

所有消費習慣研究結果皆指向一個結論：乳製品攝取量較大的國家，擁有越多的前列腺癌患者。因此，日本研究員最近根據位於里昂的國際癌症研究中心與聯合國糧食及農業組織的數據資料，針對四十二個國家，調查飲食習慣和前列腺癌的關係。他們得到和世界衛生組織相同的結論：與前列腺癌罹患風險最息息相關的食物就是牛奶。前列腺癌造成的死亡則跟牛奶與乳酪這兩樣食品關係最爲密切。這項分析也以睪丸癌爲題做研究，得到相同的結果，所有研究的食物中，乳酪與這類疾病聯繫最密切[121]。

二〇〇四年，有超過十項病例對照研究，當中訪談了癌症病患及同齡健康人士，並了解他們過去的生活習慣，最後發現大量攝取乳製品的人罹患前列腺癌的風險，比一般人高了百分之五十到百分之二百五十[122]。另外有其他四項同質研究發表了一樣的關聯性，但並未針對統計意義做評論[123]。其中只有兩項病例對照研究沒有找出乳製品與前列腺癌罹患風險的關聯性[124]。

與病例對照研究相反的一些前瞻性研究，追蹤同一組人在數年間健康狀況的變化。二〇〇四年時至少有十項這類研究在調查食物和前列腺癌的關係[125]。其中有五項研究結果發現，乳製品的攝取會提升前列腺癌罹患率。前述健康專業人員追蹤研究調查了四萬八千名美國人每天的鈣質攝取量，將每天攝取二克以上和每天攝取五百毫克以下的人做比較，前者罹患末期癌症的風險爲後者的三倍，發生轉移性癌症的風險爲後者的四・五倍[126]。另外有五項研究並沒有觀察到乳製品攝取與前列腺癌的關係⑫⑦。

總之，二〇〇四年在不同國家進行的所有食品攝取調查和大部分的流行病學研究，都發表了乳製品與前列腺癌罹患風險關係的報告。當然我們還不能下定論，但是這個論點應該促使我們謹慎小心，更何況此後公布的一些研究結果都證實了這個傾向。

乳品工業應該感謝衛生當局

二〇〇三年九月，國家營養健康計畫負責人員與法國食品衛生安全局的營養學家出版名為《食物，營養與癌症》的小冊子。這本出版品以嚴謹且無可爭論的參考資料之姿，呈現在記者和醫護人員眼前。這本冊子是依照國家營養健康計畫主持人的指示所編撰，他是一位醫生也是熱情的乳製品擁護者，與乳品工業關係親近。他們都建議大眾每天攝取三到四份乳製品。

《食物，營養與癌症》的看法與同時間在哈佛大學、國際癌症研究中心、世界癌症研究基金會、國際癌症研究協會（ARC）和美國癌症研究院等機構發表的結論大相逕庭。當這些組織懷疑乳製品會提升前列腺癌罹患率時，法國國家營養健康計畫負責人員與法國食品衛生安全局的負責人卻大筆一揮幫乳製品漂白。他們在小冊子裡強調：「在任何情況下，都不能將致癌風險歸咎於牛奶和乳製品上。」

對乳品工業與爲他們工作的營養學家來說，來自法國最高衛生主管機關的擔保完全超越他們的預期，當然要好好利用。於是，他們召開一場又一場的研討會，廣爲宣傳。

然而，二〇〇四年出版的《健康，謊言與內幕》在乳品工業界掀起一場狂瀾。我在其中提出所有顯示乳製品與癌症罹患率提升有關的證據，也提到主管單位不可思議的封閉在自己的世界裡。此書在出版前曾交予《新觀察家》（*Le Nouvel Observateur*）週刊閱讀，但手稿在五月時已到了達能公司的老闆法蘭克．里布手上。根據《鴨鳴報》（*Canard Enchaîné*）消息來源，洩密者是一位與乳品業巨人關係親近的記者，但這件事並未受到證實。

在這段期間，乳品工業採行以火滅火的方法來處理危機。一股不引人注意卻很有效率的壓力湧進電視台和廣播電台，攔阻我和羅拔接受訪談。幾位主持人在對我們發出邀請函後又紛紛取消邀約，說是因爲「新聞性太強」的關係。儘管如此，多虧法國第二電視台的晨間電視（Télé Matin—France 2）、第三電視台（France 3）的晚間七點新聞、《Elle》雜誌、《心理學》期刊（*Psychologies*）、《法國瑪莉》雜誌（*Marie France*）、《健康雜誌》（*Santé Magazine*）、《健康佳人》（*Belle Santé*）、《快訊》週刊（*L'Expresse*）和《優點》雜誌

（*Avantages*）等媒體記者勇氣可嘉，他們對本書的報導使得本書大大暢銷。國家營養健康計畫與食品衛生安全局建議的每日乳製品攝取量可能有害人體，這個觀念已經慢慢進入大眾腦海，甚至醫生們也開始產生懷疑。

更多壞消息

二〇〇四年，日本研究員公布一份非常明確的研究報告：「牛奶的攝取是引發前列腺癌的原因之一[128]。」他們針對於一九八四年到二〇〇三年間進行的十一項病例對照研究結果加以組合分析，發現那些得到前列腺癌的是牛奶飲用量最高的男性，與攝取少量牛奶、優格和乳酪的人比起來，他們罹患癌症的機率足足高了百分之七十。《健康，謊言與內幕》揭露的訊息得到了證實。

隔年二〇〇五年三月，波士頓的塔夫斯大學公布一項包含十二項前瞻性研究的統合分析結果，力圖在這些研究中找出趨勢。而合理的結論爲：攝取較多乳製品的男性，罹患前列腺癌的風險稍微高於攝取少量乳製品的男性。但是比較罹患末期癌症的風險，攝取大量乳製品者的風險提高三分之一，攝取大量鈣質者的風險則增加了百分之四十六[129]。

再說，這個統合分析只包括十二項前瞻性研究，並未涵蓋其他流行病學研究，特別是二〇〇五年五月在美國公布的一項新研究結果。

二〇〇五年五月公布的第十六項研究結果，讓氣氛更顯沉重。美國國立衛生研究院於一九八二和一九八四年間到一九九二年，追蹤觀察三千六百一十二位男性。跟不攝取或是少量攝取乳製品的男性比起來，大量攝取乳製品的男性其前列腺癌罹患風險發生率爲前者的二．二倍。研究人員明顯因自己的研究結果而動搖，他們寫道：「我們發現乳製品會提高前列腺癌罹患率，這個結果相當令人不安，尤其是目前的健康建議卻要人們盡量攝取鈣質，同時積極提倡乳品爲鈣質吸收來源⑬⓪。」在這項研究裡，我們不斷聽到的膳食鈣質也與增加癌症罹患率有關；它使罹患率增加了二．二倍。

蒙塵的超市冷藏櫃

乳品同業資料與文獻中心決定利用二〇〇六年的Medec醫療展做爲共鳴箱，來阻擋越漸擴散的謠言，同時安撫醫生、飲用牛奶的消費者和喜愛優格的人。他們在三月十五日舉辦一場名爲「牛奶與健康：謠言、眞相和科學事實」的專題座談會；爲了粉飾科學證據，他們還雇用四位專科醫師出席，例如亞眠大學醫學中心的巴提斯．法德隆（Patrice Fardellonne）教授，據他自己對主管單位（而非對記者或是當天到場聆聽的醫生）表示，他是以「工作合約與老夥伴」的形式，與康地亞公司和營養學研究與資料中心擁有「持續和長久」的關係。一如我們了解的，這完全是替乳品工業資訊中心發言。而這四位乳糖教授的任務在於：嘲笑本人與羅拔女士爲不祥之人，說我們是江湖術士和宗教家。

在會議上，法德隆教授一開始就意有所指的影射日益脹大的「謠言」，向出席人員提出問題：「你們知道恐龍爲什麼消失在地球上嗎？」好好教授先生的回答是：「這是因爲哺乳動物出現了，於是蜥蜴亞目動物開始喝牛奶，而大家都知道牛奶是一種強烈毒藥。」瞧瞧沉浸在優格裡可以多幽默！

理所當然的，會議中也談到乳製品和癌症關聯性的問題。他們當然會爲了媒體宣傳，挖出國家營養健康計畫委員會於二〇〇三年公布的那份令人難以置信的報告，因爲這是科學界唯一一份挽救乳製品聲譽的報告。有些記者因此落入陷阱。以下就是當時某著名週刊記者以令人欽佩的批判精神發表的報導：「當然，牛奶可能是癌症發展的因子（……）這個說法沒什麼科學根據，而且這種指控太過嚴重，以至於國家營養健康計畫委員在一份報告中，用了一種正式報告裡罕用的口氣說那是『幾個自稱科學家的江湖術士散播的謠言』。『眞正的科學家們』（就是乳糖教授們）被迫必須一一擊破這些荒誕的念頭。」

就在Medec醫療展討論會在巴黎舉行的同時，這個素以謹慎過濾資訊來源著名的週刊讓「眞正的科學家們」發言。這些人爲了屏除癌症的疑慮，全都拿國家營養健康計畫委員會相當可議的報告當盾牌。不幸的是，乳品同業資料與文獻中心也好，他們忠實的乳品之友也好，都將遭到國家營養健康計畫委員會背叛。

優格和癌症

國家營養健康計畫委員會現任主管赫伯格博士，於一九九四年時展開「補充維生素、礦物質、抗氧化劑研究」，目的在測試富含抗氧化物飲食能抗癌以及防治心血管疾病的假設。研究爲期八年，追蹤了一萬三千〇一十七名男女；其中一部分的人服用抗氧化補充劑，一部分的人服用安慰劑，同時也收集了觀察對象飲食與生活方式的詳細數據。二〇〇三年研究結束，赫伯格博士與他的團隊希望了解與前列腺癌罹患風險有關聯的食物。因此，他們將研究期間診斷出來的前列腺癌患者的日常飲食習慣與健康男性的做比較。國家營養健康計畫委員會、主管機關，以及贊助單位康地亞公司、達能公司和乳品工業資訊中心，將受到這份研究結果打擊。

二〇〇六年三月《英國營養雜誌》（*British Journal of Nutrition*）刊登了這份報告，其中研究員觀察到，攝取大量乳製品的男性罹患前列腺癌的風險，較攝取少量乳製品者高。所有的乳製品會增加百分之三十五以上的前列腺癌罹患率，而鈣質更使罹患率增加二・四倍。在乳製品中又以優格的問題最大，每次攝取一百二十五克的優格，癌症罹患率就增加百分之六十。

這項研究結果在英國和美國引起廣泛討論，但是在法國，這份報告只刊登在《營養》（*LaNutrition.fr*）電子月刊網站上。

《英國營養雜誌》在登出這份法國研究報告前一個月，美國的健康專業人員追蹤研究就以一個大型研究爲這個議題定了基調。研究員以四萬七千七百五十位男性爲對象，比較了每天攝取五百到七百四十九毫克鈣質的男性，與每天攝取一千五百到一千九百九十九毫克鈣質的男性，後者罹患致死性前列腺癌的機率幾乎是前者的二倍，而當每天鈣質攝取量超過二克的時候，機率則爲二．五倍[131]。

二〇〇七年二月，約翰．霍普金斯大學布隆博格公共衛生學院癌症與心臟疾病對抗研究（CLUE2）發表了追蹤三千八百九十二位三十五歲以上男性的研究結果。作者報告說，一星期最多吃一樣乳製品的男性與五樣乳製品的男性相比較，後者發生癌症的機率提高了百分之六十五[132]。

二個月之後則是芬蘭的 α 生育酚與 β 胡蘿蔔素癌症預防研究（ATBC）針對二萬九千一百三十三名吸菸者所做的研究報告，每天攝取二克以上鈣質跟每天攝取一克以內鈣質的吸菸者做比較，前者的罹癌率提高了百分之六十三[133]。

二〇〇七年十月，由美國國立衛生研究院及美國退休人員協會（AARP）主導的營養與健康調查發現，每天喝二份牛奶的人比不喝牛奶的人，其罹患癌症的機率提高百分之二十五[134]。

同年十二月，美國前列腺、肝、大腸與卵巢癌篩檢試驗（PLCOCS）研究發現，大量膳食鈣質（每天二克跟每天少於一克）會提高百分之三十四前列腺癌罹患率[135]。

同月，一份在夏威夷進行、針對八萬二千四百八十三位男性的調查顯示，攝取多量脫脂牛奶也會導致局部性或非侵略性前列腺癌[136]。

二〇〇七年年底總結：只有兩個研究[137]~[138]沒有找出乳品鈣質跟癌症之間的關聯；而只有一個胡蘿蔔素與維生素A藥效試驗（CARET）發現，在一萬二千零二十五個吸菸者中，大量攝取乳製品可以減少百分之四十一罹患侵略性前列腺癌的機率[139]。

二〇〇八年二月十四日，《重點》週刊（*Le Point*）刊載了一篇題爲〈抗癌飲食〉的文章，記者報導了「二十二位公認最優秀的癌症專家、流行病學家與生物統計學家」的結論跟建議。這些專家受美國癌症研究學院與國際癌症研究基金會委任，分析了七千個以癌症跟飲食之間關係爲題的研究結果。在大蒜的益處到攝食過多肉類的風險等眾多結論當中，記者宣稱對「攝取越多乳製品則越有發展前列腺癌的危險」這件事「感到驚訝」。我們可以從他們的「驚訝」了解到，乳品工業跟公家機關有多麼不遺餘力的在壓制《健康，謊言與內幕》在二〇〇四年以白紙黑字散播的訊息。

二〇〇八年四月二日，法國醫學暨農業學會就是在這個背景下在巴黎召開會議，會議名稱技巧性的稱做「屏棄牛奶跟乳製品是否不智？」（見二八五頁〈附錄三〉），並且用以下原因來自我辯護：「牛奶的毒性以及害處被過分誇大渲染，而它的營養價值則被刻意忽略。此議題事關國民健康，首先我們得預防兒童在成年後的骨質疏鬆症跟與之相關的骨折危機。」

醫學協會先是建議「在任何年齡層都要攝取更多的乳製品」，然後要大家小心「某些書本所宣導令人驚慌的謠言，以及最近將乳製品跟一大串疾病名單連在一起，卻否定乳製品對骨骼健康益處的文章」。科尚醫院的風濕科專家查爾．喬埃．門克斯（Charles Joël Menkès）醫生特別解釋說：「無法證實乳製品跟前列腺癌的關聯。」

這場會議舉辦的同一天，歐洲前瞻性癌症與營養調查也出版了研究報告，這個大規模的前瞻性研究追蹤調查了十四萬二千二百五十一位歐洲男性將近九年。這項調查的作者發現，跟攝取少量乳製品的男性比起來，那些攝取較多量乳製品的男性的前列腺癌罹患率提高了百分之二十二。根據計算，當我們每天每次吃進三十五克的乳品蛋白質時，便提高了百分之三十二的癌症罹患率。而在所有的鈣質來源之間，只有來自乳品的鈣質跟患癌機率有關聯[140]。

調查真相：IGF-1與維生素D

如果牛奶有助增加前列腺癌罹患率，那麼爲何在大量消費乳製品已數十年的美國，癌症的高峰期沒有更早出現？哈佛大學研究員力圖找出問題的答案。

只有清楚找出乳製品引發癌症的機制，才能得到答案。魏勒特教授認爲問題癥結在於IGF-1，喬凡努奇懷疑是因爲乳品減少體內的天然抗癌防衛「活性維生素D」：骨化三醇。兩人的假設都有道理。

維生素D是一種天然抗癌劑，可以將癌前細胞轉換回正常細胞；然而，當我們攝取乳製品時，體內維生素D也會減少。

爲什麼當我們攝取乳製品時，體內活性維生素D會降低？首先，因爲乳製品會在體內製造一個偏酸性的環境，讓腎臟中製造這種防衛性維生素D的酵素無法正常運作。另一方面，因爲乳製品爲身體組織帶來太多鈣質，活性維生素D控制血液中的鈣質數量：血鈣不能太多也不能太少，如果血鈣上升的話，活性維生素D就會減少；相反的若血鈣下降，活性維生素D就會上升。

所以當每天食用三到四份乳製品，體內維持酸性狀態，而且吸收太多鈣質，體內活性維生素D含量就會持續偏低。細胞此時將不時轉變爲癌前細胞，維生素D在面對這些

「意外」所產生的防禦機制可能會失效。

我們來看看IGF-1在這裡所扮演的角色。

維生素D幫助控制活性IGF-1的量，讓它與一種蛋白質連結。維生素D含量越高，IGF-1執行的增殖作用就越少⑭。因此，牛奶有兩個缺點：降低維生素D含量，同時增加IGF-1含量。結果就是我們身體裡的維生素D小衛兵不足，無法同時阻止癌前細胞的轉變跟控制IGF-1的強力增殖作用。也就是說，**當我們攝取大量鈣質，活性維生素D含量就會持續偏低，讓IGF-1不斷刺激細胞增殖。**

如同喬凡努奇指出的，IGF-1含量高於正常值的人，罹患末期前列腺癌的機率比一般人多了五．一倍。假使他們又缺少維生素D來抑制IGF-1的活性，罹患末期癌症的機率將高達九．五倍⑭。

如果運作機制確是如此，我們就得了解為何現代人罹患前列腺癌的機率比從前高。美國人民並沒有比過去的人攝取更多的乳製品：三十五年來，他們少喝了些牛奶，多吃了些優格和乳酪，基本上乳品攝取量仍維持穩定。有兩項可能的解釋：我們可能忽略了一種或數種跟乳品無關的環境因子，或者現今的牛奶中含有過去牛奶裡所沒有的某種物質。

哈佛大學研究員傾向第二項解釋，但是該如何知道二、三十年前牛奶的成分呢？很幸運的，他們從隸屬農業部的塔夫斯大學研究員那裡得知農業部保存了過去的牛奶樣品。

把過去與現代的牛奶加以分析比較後，發現兩者內含的成分都差不多：殺蟲劑、戴奧辛和其他物質，總之殘留量都不足以造成不同的生物機能反應。唯一的不同在於，即便乳牛沒有注射生長激素，今日市面上的牛奶仍含有比過去牛奶更多的IGF-1。一直到一九八〇年代，每毫升牛奶中平均含有少於三奈克的IGF-1，然而最近的測量顯示，現今的牛奶IGF-1含量足足有過去的十倍之多⑭。

◆發生了什麼事？

依據魏勒特教授的說明，有很多因素可以解釋你現在購買的乳品比父母一輩當年購買的乳製品含有較多的IGF-1。例如：牛奶製造商漸漸選擇飼養產能較高的乳牛品種，例如荷蘭牛。他們接著會在這些品種中再挑選產量較大的乳牛，以及孕育這些乳牛的公牛來當種牛，依此種配種方式產下的乳牛，其體內的生長激素於是增加了。

現代的飼養方式也會影響牛奶中IGF-1的含量。現在的乳牛飼料比過去添加更多的能量配方，乳牛因此可以生產較多的牛奶，也較常擠奶。這些原因都影響了牛奶中IGF-1的含量。

事實上，今日牛奶的生產方式也跟二十世紀初完全不同。當年，一頭乳牛每天可以擠三到四公升的牛奶。到了一九五〇年代，酪農業者已經找到可以使乳牛每日生產六到七公升牛奶的方法。現在，一頭乳牛每天平均生產二十公升的牛奶，生產力更強的牛群甚至可以產出一倍的量，其中更有一些乳牛每天能夠生產八十公升的牛奶！

從一九六一年到一九九八年，透過遺傳選種、飼料配方和擠奶方式，荷蘭牛的牛奶日常產量已經增加約十六公升。其中遺傳選種的貢獻占了百分之三十到四十。美國的牛隻遺傳選種始於一九〇五年一項乳牛品種改良計畫，到了一九五〇年，這項計畫涵蓋了四萬群動物和一百萬頭乳牛。

這項乳牛品種改良計畫依基因遺傳能力將種牛分級，提升了每頭乳牛的產能。接著在一九三八年開發成功的人工授精技術，以及一九五〇年冷凍精子技術的成熟，都大大改良了牛奶生產方式。

法國在十九世紀末期開始實行遺傳選種。一些品種登錄簿開始出現，其中列出了最佳產能的乳牛血統和系譜，從在地品種如蒙貝利雅德牛、諾曼地牛、弗利松牛和阿邦當斯牛等，改良出新的乳牛品種。

根據法國國家農業研究院說法：「即使不容易察覺，以消費能力來看，最大受益者還是消費者，因為牛奶每公升的價格自戰後便大幅降低⑭。」這些不知感恩的消費者，不知道自己因為牛奶裡的IGF-1含量增加而有所受惠！

一些被牛奶和 IGF-1 迷惑的營養學家

一些法國營養專家幾乎是感謝 IGF-1 讓我們下一代的身材長高。而他們的美國跟歐洲同業（見第十一章訪談）卻爲了近年來青少年的身材發展擔憂，因爲這反映出青少年體內 IGF-1 量不正常偏高。

因此，法國國家科學研究中心（CNRS）的一位研究員在近日一個討論會裡，除了警告不讓孩子大量攝取乳製品的父母，也對那些負責理性的父母喊話：「缺乏攝取鈣質和乳製品，似乎不只有骨礦物化不足這個壞處。事實上，最近的一項研究顯示，牛奶的攝取對孩童跟青少年成年後的身材有正相關。」然後，他又列出一個有益長高的營養清單，裡頭包括了牛奶跟 IGF-1⑭⑤。

照這樣的說法，身材較高的兒童應該比嬌小的兒童更具有優勢。什麼優勢？這是個謎。乳品擁護者（這名研究員顯然也包括在內），卻聲稱斯堪地那維亞人之所以在五十歲以後有較高骨質疏鬆性骨折發生率的原因在於——他們的身材較高大！好吧。那爲什麼他們的身材較高大呢？因爲他們從小就攝取大量的乳製品⑭⑥！

在同一個討論會上，這位惹人注目的研究員還肯定「乳品能讓體質變鹼性，並且降低尿鈣的排出」，這當然與乳品的實際作用完全相反。

然而，IGF-1並非唯一受利益掛帥影響的生長因子。

日本山梨大學的研究人員也想了解爲何在相信乳品益處的國家，與激素有關的癌症發生率偏高。他們宣稱，牛奶含有大量的女性荷爾蒙「雌激素」[147]。「我們認爲牛奶是人體內雌激素的主要供應來源。」佐藤章夫（Akio Sato）教授解釋：「但是當我們這麼說時，有人會反駁說人類飲用牛奶的歷史已經有二千年，卻什麼事都沒發生。但這些人卻忘了提到今天喝的牛奶和一百年前人類飲用的牛奶非常不同。當時我們並不會在乳牛懷孕期間擠牛奶，但現在，我們在乳牛在懷孕後半期血液跟乳汁中的雌激素濃度最高的時候，仍繼續擠牛奶。」

佐藤教授對照四十個國家的乳癌、卵巢癌和子宮癌病人及她們的飲食習慣發現，乳癌的發生與肉類攝取有很大的關係，其次是牛奶和乳酪。卵巢癌則與牛奶攝取還有動物性脂肪及乳酪有密切關聯，而牛奶和乳酪爲卵巢癌最明顯的兩個決定因素。牛奶也與子宮癌發生有關，其次是乳酪。佐藤教授表示：「我們特別擔憂長期攝取牛奶和乳品的後果，因爲今天乳品工業生產的牛奶中含有過量的女性荷爾蒙——雌激素與黃體酮。」

牛奶對男女性的生殖系統可能都會造成影響

哈佛大學研究員除了把焦點對準牛奶飲用者的前列腺，也沒忘了飲用牛奶的女性。九〇年代初期，他們的研究報告指出，飲用大量牛奶的女性罹患卵巢癌的風險較高。根據他們的假設，高濃度的半乳糖（牛奶中被分解後的乳糖）對女性器官而言是一種毒物。自此之後，數項研究都針對這項假設進行實驗。二〇〇四年初，魏勒特教授告訴我：「證據還不具決定性，但是半乳糖經常與卵巢癌產生關聯性，我們不可能忽略半乳糖也許對人體有害的可能性。」

正好在二〇〇四年十一月時，斯德哥爾摩卡羅琳學院研究所的蘇珊娜．拉森（Susanna Larsson）和其他瑞典研究員公布一項針對六萬名瑞典女性的研究報告。他們認為，習慣飲用牛奶的女性（每天至少攝取四份乳品）的卵巢癌發生率比少喝牛奶的女性更高⑭⑧。

二〇〇六年二月，哈佛大學公共衛生學院公布包括十二項流行病學研究的分析報告，結論雖然讓有攝取乳製品習慣的女性鬆了一口氣，研究人員仍觀察到每天攝取超過三十克乳糖的女性，也就是三杯以上的牛奶，比起只攝取十克的人，前者癌症發生率比後者高百分之二十以上。報告的結論是：「每天攝取三份以上牛奶的人，卵巢發生率稍微增加。由於新的健康建議一樣希望人們在平時攝取三份乳品，乳品的攝取分量與卵巢癌的關聯性仍值得仔細研究151。」

在這之後有兩份研究報告表示，乳製品攝取並不會提高罹患癌症的機率。其中一份報告研究了三萬多名女性152，另一份是二〇〇七年四月，歐洲前瞻性癌症與營養調查以十個國家三十二萬五千名婦女為對象所做的研究，結論是攝取較多動物性蛋白質（肉類、蛋或奶）的婦女並不比其他婦女容易罹患卵巢癌153。目前仍無法明確證實卵巢癌跟乳製品的關聯，這對女性而言是個好消息。

前列腺之後輪到睪丸了？

根據二〇〇三年一份加拿大的研究，攝取大量乳酪的男性罹患睪丸癌機率較高。這種癌症雖不常見，但是這幾年隨著乳品攝取習慣普及有隨之增多的趨勢。

在加拿大，睪丸癌的發生率在三十年中增加了百分之五十。加拿大研究員比較六百八十六位患者與七百四十四位健康男性的飲食習慣發現，大量攝取乳製品，特別是乳酪的人，癌症發生率明顯較少量攝取者高。對乳酪愛好者而言，睪丸癌機率提高到百分之八十七。這可能是乳品中的女性荷爾蒙雌激素導致的結果149。

這份報告公布時，中國研究員也針對四十二個國家進行研究前列腺癌和睪丸癌發生率與飲食習慣的關聯。他們同樣也得出相似的結論：乳酪攝取與睪丸癌罹患率的提升有關，牛奶則與前列腺癌有關。中國研究員解釋，目前在乳牛懷孕期擠奶的做法，造成牛奶和乳製品內的女性荷爾蒙濃度異常飆高[150]。

第十一章　避免攝取乳製品將降低致癌風險

本篇文章由派翠克・霍福德（Patrick Holford）採訪。受訪者為英國布里斯托大學傑夫・何力（Jeff Holly）教授。他也是國際ＩＧＦ學會副會長、國際生長激素研究專家。他認為攝取過多的 IGF-1 並不真的適當。至於乳製品的話……

ＩＧＦ指的是什麼？

ＩＧＦ是指類胰島素生長因子，跟胰島素一樣是一種小蛋白質，它是血液裡濃度最高的蛋白激素之一，高於其他蛋白激素一千倍。這種類胰島素生長因子存在於每個人體內，對成長及代謝有深遠的影響，也對健康有不同面向的作用，很明顯是一種關鍵激素。例如刺激孩童成長的生長激素，就是類胰島素生長因子。

類胰島素生長因子又分為第一型和第二型，但總是伴隨著其他蛋白質存在，例如胰島素生長因子結合蛋白第一型到第六型（IGFBP-1~6），活化一些像是胰島素樣生長因子一受體（IGF-1R）、胰島素樣生長因子二受體（IGF-2R）和胰島素接受器。區別它們複雜的角色是內分泌學的範圍之一。

為何攝取牛奶會影響類胰島素生長因子的濃度？

牛奶裡含有大量的激素和生長因子，包括類胰島素生長因子，但是當我們喝牛奶時，大部分的生長因子都被消化了，而其中一小部分被一種牛奶蛋白質「酪蛋白」保護著，進入我們的血液循環中。

然而，牛奶並非只能藉由這種方式提高血液中類胰島素生長因子濃度。牛奶中還含有其他激素、小蛋白質和胺基酸混合物，這些物質會刺激體內製造類胰島素生長因子，於是喝牛奶時血液裡的IGF-1濃度就增加了。

假設你的年齡在二十到三十歲之間，正常情況下你血液裡的IGF-1濃度為每毫升一百七十奈克；如果你從不喝牛奶，IGF-1濃度會在每毫升一百三十至一百四十奈克；然而，當你攝取大量乳製品，IGF-1濃度會增加到每毫升二百至二百一十奈克。IGF-1的濃度在青少年時期最高，成年後快速降低。

你可以在下頁圖表中看到，五十至七十歲之間的男性依據牛奶攝取量體內IGF-1的不同濃度，與每天喝一杯牛奶的男性比較，每天喝二杯的人體內IGF-1的濃度每毫升增加大

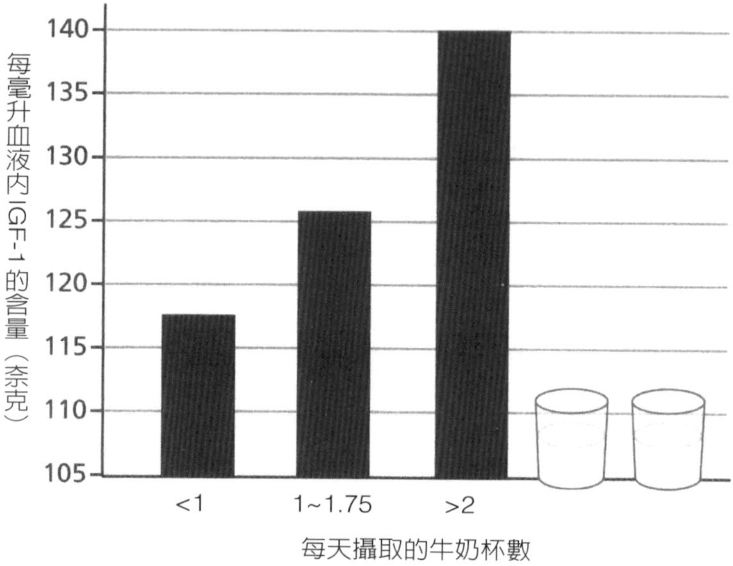

圖 11-1：牛奶攝取量與IGF-1含量的關係

約二十五奈克，這個增加程度具有高度意義。

牛奶造成人體內IGF-1濃度增加，是否會提升罹癌率？

我們必須了解IGF-1是不可或缺的，它是體內傳遞訊息的重要激素之一，要是濃度太低，將增加心血管疾病、第二型糖尿病、骨質疏鬆症和認知退化的發生機率。相反的，如果濃度太高，必定會增加罹患乳癌、前列腺癌和大腸直腸癌的風險。

哈佛大學、蒙特婁的研究員以及我們，都證實了在一群人當中，體內IGF-1濃度前四分之一高的人罹患癌症

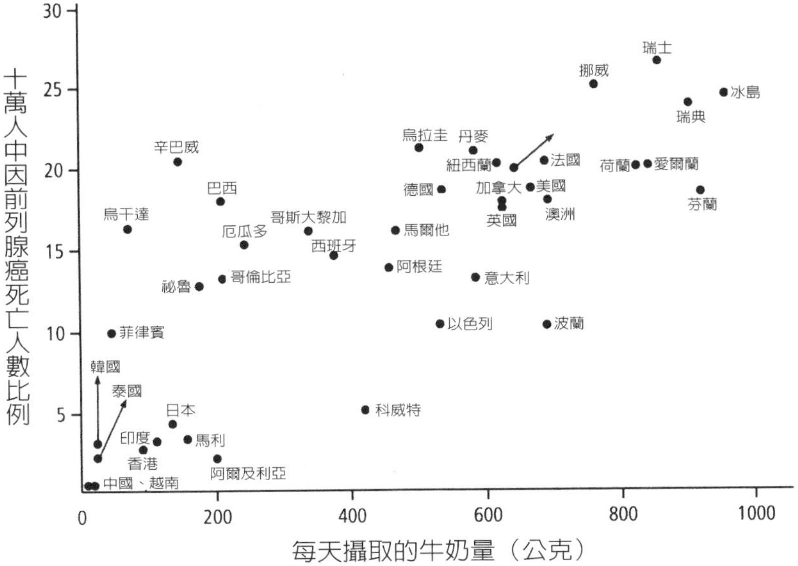

圖 11-2：前列腺癌致死人數與牛奶攝取量的關係

的風險，比後四分之三的人多了三到四倍，風險等級與因高濃度膽固醇造成心血管疾病相同。

IGF-1濃度與更年期前罹患乳癌的風險較有關係，與更年期後發生的乳癌關係較小。我們對於青少年時期或者一生之內體內IGF-1的濃度會影響乳癌風險到什麼程度，仍不太清楚。兩者可能都很重要，意思是青少年時期跟成年以後攝取太多牛奶也許不是個好主意。

整體調查中明顯顯示牛奶攝取與癌症風險的關係，在圖表裡顯示國家人民的平均牛奶攝取量與前列腺癌的關聯性，與乳癌的關聯性似乎也同時存在著。

我們也發現IGF-1濃度與測量年長男性前列腺大小的指標「前列腺特定抗原指數」有直接的關係。

我們知道乳癌跟前列腺癌的發生率都有增加的趨勢。基因因素在這裡只占了風險率的百分之二至五，其他則跟環境因素有關。IGF-1濃度與乳癌和前列腺癌罹患率直接的關係，讓我懷疑飲食習慣這個因子，尤其是乳製品的攝取。另外動物性蛋白質的攝取也有比較低程度的關聯，因爲動物性蛋白質也能提高IGF-1的濃度。這些都是可能的因素，現在我們可以看出女性快速成長和富含動物性蛋白質的飲食與乳癌罹患率增加當中的關聯性。

高濃度的IGF-1如何增加癌症罹患率？

香菸、氧化劑或其他致癌因子會損害DNA，引發癌症。儘管DNA的損傷隨時都可能發生，但人體通常會自行進行修護。然而，一旦細胞運作程式產生錯誤，沒有自動進行修護，這些細胞將會自行毀滅，稱爲凋亡。

在大多數的癌症患者體內，某些因子阻礙了細胞修護或凋亡的過程。例如，過量的IGF-1會阻止前列腺癌和乳癌細胞的凋亡，導致癌細胞存活下來並繼續繁殖。就這兩種癌症的情況而言，癌細胞凋亡能力的消失，可能比直接暴露在致癌物質下更加危險。

對於牛奶的攝取，您有何建議？

牛奶的作用是填補嬰兒從出生到消化系統發展成熟的空隙，它含有許多其他飲食中所沒有的複合激素。但是，在青少年時期或成年後並沒有必要繼續飲用，沒有其他哺乳類在斷奶後還繼續喝奶的。

我個人不喝牛奶，而基於我的研究結果，我也不建議乳癌或前列腺癌患者攝取牛奶。我也不推薦攝取大量的乳製品，如果能夠從別處，例如魚類、核桃和豆科類等食物中，獲得足夠的蛋白質、維生素D和礦物質，就沒有必要攝取牛奶，而且非常可能因為避免攝取牛奶而降低癌症罹患率。然而，不喝牛奶又沒有同時攝取其他食物來補充蛋白質、維生素和礦物質，也不是聰明的做法。

第十二章　喝牛奶能讓你變苗條？

牛奶鈣質的優點是不容質疑的！它能夠加速燃燒脂肪做爲熱量來源，避免過剩糖類轉變成脂肪。此外，在實行飲食瘦身計畫後，攝取富含鈣質的食物能夠有效維持體重。

——乳品同業資料與文獻中心

想瘦身的人，何不嘗試攝取一些鈣質呢？大量的鈣質，最好是乳品鈣質！

雀巢公司於二〇〇五年在法國開發一條新的賺錢管道，推出苗條瘦身配方的高鈣優格史薇特斯（Sveltesse），以「史薇特斯，維持身材的祕方」做爲廣告號召。這就好像是在奶油裡添加脂肪，或是在豬血腸裡加上鐵質！優沛蕾公司立刻效法，推出嘉蘭（Câlin）白乳酪，同樣添加了鈣質。

雀巢公司用大量電視廣告來幫瘦身優格造勢，廣告中男旁白說道：「近來一些研究顯示，大量的乳品鈣質能幫助超重的人有效控制體重。」好個「近來一些研究顯示」，美國通用磨坊公司（General Mills）就是以這句話做爲優沛蕾優格廣告詞；優沛蕾是他們在美國行銷的品牌。廣告詞：「近來一些研究顯示，比起僅僅降低熱量攝取的做法，諸如優沛蕾的乳製品能夠幫助你燃燒更多脂肪，減輕更多體重。」他們不只使用跟雀巢公司一樣的台詞，還更加大膽。

在這個乳品的小小世界裡，是不是大家都協議好將「乳製品＋鈣質＝苗條」如此簡單的公式置入全球各地消費者的腦袋瓜中，就像他們過去曾用同樣的方式，說服我們牛奶可以預防骨質疏鬆症一樣？

如果我們費點心力追蹤，就會發現有條線索，指向美國乳製品理事會於二〇〇三年四月召開的一場策略性會議，大型乳品集團代表都出席了這場會議，在會議中，他們決定展開以「乳製品與苗條身材」為主題的大型促銷活動。

現在重點來了。這個促銷活動究竟是根據哪些「近來的研究」？基本上是來自田納西大學諾克斯維爾分校的美籍研究員麥可．贊梅爾（Michael Zemel）博士。贊梅爾教授總共主導了這個主題的三項主要研究，都得到乳製品有助瘦身的結論。由乳品工業贊助的會議中當然會不斷提出此三項研究結果，同時在醫藥人員面前強調它的重要性。坦白說，研究結論非常驚人！

驚人的研究

二〇〇四年四月，贊梅爾教授公布他爲乳品鈣質辯護的第一個研究後，獲得媒體廣大的迴響。這個研究的對象爲三十二位肥胖症患者，分組經過二十四週低熱量食品（每天減少攝取五百卡路里）配合不等量乳製品和鈣質的飲食。第一組爲缺乏乳製品的飲食，第二組爲富含乳製品的飲食，而第三組爲缺乏乳製品但是添加鈣質的飲食。每組有十一到十二位參與者，樣本薄弱但是在統計上卻足夠做出區別。

結果：二十四週中，攝取最多乳製品組的體重減輕最多，平均十一．〇七公斤（只要是低熱量飲食就可以達到這種效果）。攝取缺乏乳製品飲食組的體重減輕最少，只有六．六公斤。攝取鈣質添加飲食組則減輕了八．五八公斤⑮④。乳品工業當然會好好利用這項研究結果，爲攝取乳製品有助減肥的概念增加可信度。

對乳品工業而言，好消息還不只這一樁！一年後公布的第二項研究，是對三十四位肥胖症患者進行低熱量飲食計畫。其中十六位參與者於十二週內每天攝取四百到五百毫克的鈣質，其他十八位攝取一千一百毫克優格來源的鈣質。贊梅爾教授報告，優格組平均減輕四．四三公斤的脂肪，另一組則只減輕了二．七五公斤。優格組保留身上較多瘦肉，減掉上半身尤其是腹部的脂肪⑮⑤。

二〇〇五年七月，不知足的贊梅爾教授又公布了另一項新研究，這次的研究分爲兩階段，對象爲三十四位非裔美人。首先，他們在二十四週攝取低鈣（每天一份乳製品，五百毫克鈣質）或高鈣（每天三份乳製品，一千二百毫克鈣質）飲食。他要求研究對象不要改變原有的熱量攝取。兩組人的體重維持不變，但是高鈣與高量乳製品飲食組的人減輕了約二公斤的脂肪，瘦肉也增加了，而另一組卻沒有任何改變。

研究的第二階段，贊梅爾教授重新採用之前的方向，對二十九位參與者實行嚴格低熱量飲食計畫（每天減少五百卡路里），一部分的人每天攝取一份乳製品，其餘攝取三份乳製品。得到結論：高鈣飲食組減輕的體重爲其他人的二倍，尤其是減去脂肪組織，瘦肉的保留明顯較多⑯。

挑毛病的角落

理所當然的，一定會有一些搗蛋者如在下我，對乳製品能夠瘦身的「證據」做鬼臉。首先，這些證據建立在總數只有六十多位的受試者的基礎上，而這也差不多是贊梅爾教授主導的研究中體重減輕的所有人數。然而，有足夠受試者的研究才具說服力，下述例子就是最好的證明。

兩年前，美國乳品工業夾著這些「證據」，找上管理美國食品販售規定的美國食品暨藥物管理局，目的在尋求食品暨藥物管理局的支持，請他們公開鼓勵美國人民多喝牛奶，以「減輕體重」。但是由專家組成的委員會認爲贊梅爾教授提供的研究數據過少，拒絕了美國乳品工業的請求。然而，大西洋兩岸花了幾千萬歐元打造的宣傳活動，確實只基於這少數六十人的研究結果！

事實上，贊梅爾教授與他的三個研究和六十位受試者在科學界算是絕無僅有的例子。所有嘗試依照他的方式重做實驗的科學家，沒有人達到相同的研究結論！

乳製品無法使你苗條

二〇〇四年，有些學者針對一百名女性於二十五週內實行熱量限制的飲食計畫，觀察食物中的鈣質添加是否有助減重。受試者成爲兩組，其中一組攝取鈣片，另一組則使用安慰劑，實驗結果得到兩組體重的改變並無明顯不同的結論⑮⑦。其實早在二〇〇一年就有一項以六十二名女性爲受試對象，爲期三個月的實驗，實驗結果一樣無法看出鈣質與安慰劑對減重效果的差異⑮⑧。

二〇〇四年還有一組澳洲研究人員也得出贊梅爾飲食無法達到瘦身目的的結論。他們比較五十名超重的人在十二週內實行低熱量搭配低鈣（每天五百毫克鈣質）或高鈣（每天二千四百毫克鈣質）飲食，兩組減重程度沒有差異[159]。

坐落於明尼蘇達州羅徹斯特的梅約醫學中心，於二〇〇五年八月進行一項與贊梅爾教授實驗方式類似的研究，但梅約醫學中心的研究規模更大，受試者包含七十二位肥胖症患者，爲期四十八週；而贊梅爾教授的受試者只有三十位，時間只長達十二或二十四週。人數較多、爲期較長的研究所得到的結果，當然比之前的實驗結果更具可信度。

儘管乳品工業是贊梅爾教授的贊助人，也是這項新研究的合作人，但是你不會在雀巢公司或其他乳製品公司的廣告裡聽見梅約醫學中心的研究，因爲它得到的結果是：在低熱量搭配不同鈣質量的飲食中，攝取一千四百毫克與攝取八百毫克兩組人的體重變化相同[160]。

二〇〇五年十月，美國佛蒙特大學公布了他們的研究結果。這些研究員試圖複製贊梅爾教授的實驗。他們找來五十四名志願的超重者，在分成兩組前要求他們每天減少攝取五百卡路里的熱量。兩組人員實行不同的飲食計畫；一組每天食用一份乳製品（約五百毫克鈣質），另一組食用三份乳製品（約一千二百到一千四百毫克鈣質）。

這項研究較其他之前的研究爲期更長（長達十二個月）也就是說可信度較高。結果發現：只攝取一份乳製品的人比攝取三份的人減輕的體重多一些，也就是大量食用乳製品會增加體重！但其實這樣的差別在統計上也不夠大。因此研究報告的結論是，乳製品對體重完全沒有影響⑯。

贊梅爾教授在進行那三項肯定乳製品瘦身功能的研究之前，曾進行一個臨床實驗，我在試圖取得這份資訊時還曾遇到一些困難。這個臨床實驗長達十二週，研究對象有一百〇五位肥胖症患者。他們分成三組：一組攝取少量乳製品，第二組攝取大量乳製品，第三組攝取鈣質添加劑。所有人不分組別皆遵守低熱量飲食原則。最後堅持到實驗結束的只有六十八人，而三組體重變化沒有太大差別。也就是說，事實上不論是乳製品或鈣質的瘦身效果，都沒有比只控制熱量的效果來得好。這可以解釋為何這份報告沒有完整公布而只有摘要的原因⑯。

乳製品確確實實無法減輕體重

除了這些熱量控制的實驗外，還得加上一長串未使用熱量控制的實驗。這時「乳製品≠苗條」的資料就更有意思了。

英屬哥倫比亞大學的蘇珊．巴爾（Susan Barr）綜合二十六項此類研究的結果加以分析：其中有九項分析了額外乳製品的效果，十七項分析額外鈣質的效果。九項裡有七項結果並未發現攝取乳製品有助減重。只有二項分析結果完全相反。十七項使用鈣質添加的實驗裡，有十六項結果看不出使用鈣質和安慰劑的不同。二十六項研究中有十項關於脂肪組織變化，也完全沒有發現乳製品或鈣質會減少體脂肪[163]。二〇〇六年六月，英國約克大學根據十三項病例對照研究進行相同的分析，得到「攝取乳製品或鈣質添加物無法減輕體重」的結論[164]。

兩位塔夫斯大學研究員觀察乳製品對於兒童和青少年肥胖症的作用，二〇〇五年三月調查報告說明：「集體研究結果不能顯示乳製品有助減輕兒童和青少年的體重[165]。」

減重效果仍未證實

爲了完整呈現，我蒐集了一些與這個主題相關的流行病學研究。這些研究方式與剛剛提到的臨床研究相反，完全不干涉受試者的飲食習慣。研究人員詢問他們的飲食習慣，平常吃些什麼食品和他們的健康狀況，然後再根據得到的數據資料統計分析彼此間的關聯。

我彙整了十二項流行病學研究報告，企圖找出體重與鈣質或乳品鈣質之間的關聯。沒有任何結果顯示多攝取乳製品或鈣質能夠減輕體重或減少脂肪。相反的，最近一個由哈佛大學公共衛生學院公布，參與人數約二萬名男性的研究報告結論是：增加乳製品攝取量的男性與減少攝取乳製品的男性比較，前者的體重增加較多[166]。此外，大多數研究並未發現大量攝取乳製品的人體重較輕。

總而言之，四十七項臨床和流行病學對於鈣質或乳品鈣質和體重關係的研究中，只有五項的結論認為攝取較多的乳製品有助減輕體重，而其中三項研究是由乳品工業所贊助。想當做證據的話得加把勁。

無解的問題

如何解釋幾乎只有贊梅爾教授一人發現乳製品或鈣質有助減輕體重的事實，而其他研究員卻無法達成相同結論？

贊梅爾教授所主導的研究由乳品工業贊助，從某些方面還是可以看出前因後果。不過，贊梅爾為自己辯護：「如果只是因為我的贊助者的身分就對我的研究結果有偏見是很荒謬的。讓贊助人左右研究結果是很愚蠢的事，這麼做等於是自毀前途。」

好吧，無論如何大家都該知道，與獨立研究的結果相比，私人企業所贊助的研究通常有四倍機率會站在贊助人那邊。然而，贊梅爾教授得到的「乳製品有助瘦身」的研究結果為他帶來的好處，並非只有乳品工業一千七百萬美元的研究贊助經費而已（請見下框）。

有遠見的學者

贊梅爾教授在二〇〇四年出版《關鍵鈣質》（*The Calcium Key*）一書，本書的副標允諾：「幫助您快速減輕體重的革新飲食發現」。贊梅爾教授特別和他的夫人以及另一位研究員，於二〇〇二年在美國申請一項專利權（編號6384087）。身爲一項特殊發現的所有人，他聲稱擁有「某種減肥方式」的智慧財產權——聽好了，就是「攝取乳製品」！而乳品工業拿到了行銷這個專利的獨家代理權；這也表示贊梅爾教授將直接受益於這些行銷活動。

不過，贊梅爾教授對自己申請的專利相當低調。二〇〇五年四月，他在《國際肥胖症期刊》（*International Journal of Obesity*）刊登一份肯定乳製品益處的研究報告，卻沒有提到他在這個領域的專利。事後知情的編輯們不太高興。

這位美國研究員在十一月號的期刊中遭到嚴厲指正，提醒他文章作者有義務告知任何利益衝突。

二〇〇五年六月九日，美國醫師醫藥責任協會對這些「近來的一些研究」採取行動，控告一些乳品業者刊登誇大不實的廣告。阿靈頓居民凱薩琳．霍姆斯（Catherine Holmes）也加入控方；四十六歲的霍姆斯女士受到廣告的誘惑，爲了要能穿下小一號的洋裝，在二〇〇四年底實行「乳製品」減肥計畫。好個正確的選擇！這個減肥計畫不但沒讓她瘦下來，反而還增加了二公斤。

二〇〇五年八月十九日，卡夫食品公司聲明保證會停止在廣告中宣稱乳製品可以瘦身的效果。

最後我還要提出一個疑問：爲什麼至今都沒有任何醫生組織、消費者保護協會（更不用說衛生主管單位和商業競爭管理部門），向雀巢公司、乳品同業聯盟的其他成員，以及那些不斷保證攝取乳製品可以減輕體重的營養學家討個交代？

在這期間，法國國家農業研究院仍堅信二〇〇八年三月發布的資料〈屏棄牛奶與乳製品是否不智？〉。這個由國民稅金支付的政府機關認爲「牛奶與乳製品中的鈣質可以刺激器官排除油脂，減少脂肪堆積，進而阻止體重增加」。

令人擔心的機制

贊梅爾教授在他的研究裡提出兩點假設，說明乳品鈣質有助減輕體重和減少體脂肪。他的第一個假設是：鈣質有助分解食物中的脂肪。根據他的理論，關鍵在於細胞內的鈣質，矛盾的是，攝取高鈣飲食會導致脂肪細胞裡的鈣質濃度降低。

爲什麼呢？當我們攝取大量鈣質時，血液中鈣質的濃度會增加，控制細胞中鈣質量的活性維生素D和甲狀腺素濃度也會降低。當這兩種激素濃度下降時，細胞內鈣質濃度也會隨之下降。脂肪細胞裡的鈣質量越低，脂類越是會被排出，細胞於是「變瘦」了。

表面上看來這是個好消息，但是減低活性維生素D的濃度會增加罹患癌症的風險。此外，這個機制也許可以解釋大量攝取乳製品的人爲何有較高的前列腺癌罹患風險。

第十三章　糖尿病與多發性硬化症有相同起源？

儘管已經公布爲數眾多的研究，仍然無法證明牛奶對於糖尿病的發生扮演何種特殊的角色（……）。

——南錫大學醫學中心兒童醫院　米歇爾·維德雷（Michel Vidailhet）醫生，二〇〇五年九月《達能學院營養通訊》七十七期

第一型糖尿病高風險群兒童之所以發病，可能是過早接觸牛奶蛋白質。

——國立健康與醫學研究院（INSERM）研究員克萊兒·李維–馬夏爾（Claire Lévy-Marchal），《衛生監察研究院週刊》二〇〇七年十一月三日

我們很快就會在媒體頭條上看到「牛奶是引起兒童罹患嚴重疾病主要原因」這樣的詞句嗎？

二〇〇二年五月，十五個國家聯合展開一項由歐盟部分贊助的國際性研究，研究目標

爲「確認過早開始吸收牛奶中蛋白質的兒童，發生胰島素依賴型糖尿病（也稱第一型糖尿病）的風險是否較高」。這種兒童疾病無法治癒，期間免疫系統破壞分泌胰島素的胰腺 β 細胞，是一種自體免疫疾病（請見下頁框內文）。

由芬蘭赫爾辛基大學主導協調，聯合七十六間醫學中心所做的TRIGR研究（減少帶危險基因者罹患胰島素依賴型糖尿病研究），花費十年時間追蹤二千名第一型糖尿病高風險兒童，研究得到的資料由佛羅里達州立大學坦帕分校做分析。

在兒童出生後六到八個月內，部分嬰兒除了母奶外將餵哺以牛奶爲主的配方，另一部分的嬰兒則餵哺不含牛奶蛋白質的特殊配方食品。

TRIGR的負責人之一漢斯．阿克柏隆（Hans Akerblom）表示：「等到二〇一二年研究結果出爐（注：TRIGR網站已更新此研究要於二〇一七年才會完成），我們應該就能知道，嬰兒時期攝取或缺乏牛奶來源的蛋白質，是否有助於預防因基因缺陷、胰島素依賴型糖尿病高風險群的兒童發病。」

這個前景讓乳品工業以及支持它們的營養學家很擔憂。二十多年來，他們用盡所有方法企圖防堵任何有關「一個謎」的辯論起頭，這個「謎」動員了十幾個國家的內分泌學家和免疫學家，尋找西方國家，特別是北歐國家中第一型糖尿病的病例流行起源。

在本書出版以前，這套掩蓋策略是非常有效的，因爲大家應該從來沒聽過乳製品在各項導致第一型糖尿病的可疑原因裡名列第一。

第一型糖尿病

據估計，在法國有十八萬到二十五萬個第一型糖尿病重症病例，發病年齡通常在八歲到十六歲之間，五歲以下的兒童所受的影響最深。百分之十五的糖尿病患同時也會併發其他自體免疫性疾病，諸如甲狀腺（橋本氏病）、胃（萎縮性胃炎）、皮膚（白斑）、腎上腺（艾迪生氏病）或其他器官。如同大多數的疾病，這類疾病也有基因傾向，但是當基因傾向沒有任何改變，病患卻不停增加。

事實上，第一型糖尿病與飲食習慣有直接關聯。

二次大戰末期以來，歐美罹患這種疾病的人數大量增加。在歐洲，十六歲以下的青少年和兒童罹患率增加五至六倍，且毫無減緩跡象。其中北歐國家比南歐國家更嚴重；在芬蘭十萬名兒童中有超過四十名病例，英國有二十名，而在馬其頓只有三名。芬蘭兒童發生糖尿病的風險是日本兒童的四十倍、中國遵義地區兒童的一百倍⑯⑦，情況嚴重程度隨乳製品的攝取量而有所不同。

障眼法

每年每十萬名兒童中有十二位罹患第一型糖尿病，根據最近的估計，未來十到二十年間數目將增加一倍。

依目前所有能取得的十幾個研究資料顯示，無論對動物或兒童而言，都把箭頭指向牛奶。即使還不了解所有細節，我們仍已經掌握牛奶蛋白質對健康有害的證據，同時也找出生物學上能夠解釋牛奶引發第一型糖尿病的合理運作機制。這些科學證據有十足潛力造成巨大的經濟影響，這就是爲什麼大家從來不知道有這些證據存在。

乳品同業資料與文獻中心只在網站上用簡短的十一行字，保證牛奶與糖尿病有關的說法只是「謠言」。他們要我們相信，科學家們是基於相信「謠言」而展開像 TRIGR 這種規模的國際性研究，而且歐盟還贊助部分研究經費。乳品工業提供給大眾和醫生的營養訊息，其可靠性令人玩味。

懷疑牛奶的理由

牛奶中的蛋白質是人類食品中最強大的抗原，意思是說這些外來分子能引起免疫系統

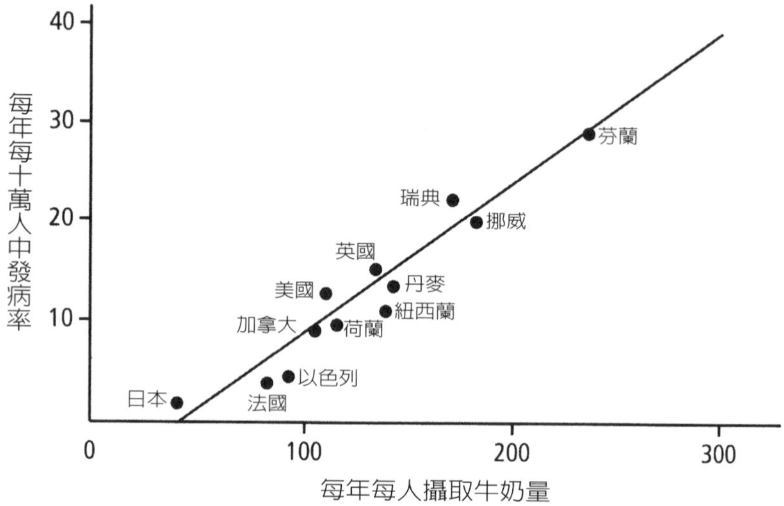

圖 13-1：根據坎貝爾教授的《救命飲食》：不同國家中第一型糖尿病患者數目與牛奶攝取關係圖。

產生明顯反應[168]。牛奶的成分與母奶稍有不同，牛奶含有較多蛋白質，特別是酪蛋白。除了牛奶中四個一組的酪蛋白與母奶中酪蛋白結構不同之外，白蛋白和胰島素也不相同，而牛奶蛋白質中的β乳球蛋白，在母奶中也不存在。

基於這些理由，我們的器官只要一接觸牛奶就會產生抗體來對抗入侵的蛋白質。令人擔憂的是，這些抗體的濃度除了在第一型糖尿病例中較高外，同樣的情況也出現在腸炎、濕疹、腹腔疾病等疾病中[168]。特別是第一型糖尿病患者體內有高濃度的β酪蛋白抗體[169]。

再來就是，攝取最多牛奶的國家人民發生這種疾病的比例也較高[170]～[172]。

大多數的研究結果指出，罹患糖尿病

的兒童在嬰兒時期較早斷母奶，提早接觸牛奶的蛋白質[173]～[184]。挪威和瑞典公開的資料也說明得很清楚，縮短哺育母乳時間大量增加了第一型糖尿病病例[185]。即使如此，仍有數個研究發現，母奶餵食時間較長的兒童罹患糖尿病的人數沒有比較少，另外少數研究懷疑穀類和蔬菜與第一型糖尿病的關係。無論如何，沒有研究認為牛奶可以預防第一型糖尿病。

漸漸靠近問題核心

一九九二年一群芬蘭研究員在《新英格蘭醫學期刊》（*New England Journal of Medicine*）公布的研究結果，讓「從乳製品中追溯糖尿病病因」的觀點真正開始占有重要分量。這群研究員在糖尿病童身上抽血，檢驗他們血液裡的牛血清蛋白抗體濃度，同時抽取健康兒童的血液檢驗做比較。

他們驚訝的發現，一百四十二位糖尿病童的抗體濃度都很高，而所有七十九位健康兒童的抗體濃度都是低的。研究員得到「第一型糖尿病可能是因為對牛奶蛋白質反應產生的抗體所引起」的結論，而這些病童都是在嬰兒時期就開始攝取牛奶[186]。

芬蘭研究員在一項試驗性的實驗中，給第一型糖尿病高風險群兒童食用蛋白質被破壞的牛奶，結果發現他們體內跟糖尿病相關的自體抗體數量減少了[187]。

美國小兒科學會（The American Academy of Pediatrics）在最近的一項研究報告中，針對這個主題目前所知做了摘要說明：「與牛奶蛋白質接觸可能是啓動胰腺β細胞破壞程序的主要原因之一。」

牛奶如何助長引發糖尿病？

十幾年來，每個國家有幾十萬名嬰兒過早接觸食物蛋白質。這是第一型糖尿病例增加的合理解釋之一。

大多數的兒童能夠完全消化這些蛋白質，但是有部分兒童可能因爲基因關係無法完全消化。於是，蛋白質的碎片進入血液，免疫系統辨認出它們，將其視爲不受歡迎的入侵者予以消滅。因爲負責合成胰島素的胰腺細胞和某些蛋白質碎片類似，免疫系統出了差錯，一併破壞這些胰腺細胞，從此體內無法再製造胰島素，造成兒童罹患第一型糖尿病。

很多食物會提供這種「外來」蛋白質，例如穀類、豆類，特別是牛奶（例如嬰幼兒配方奶），都是近一萬年、新石器時代過渡成農業時期出現的食物。穀類曾被認爲是罪魁禍首[188]，但是長期下來研究人員懷疑的主要對象逐漸轉爲牛奶[189]。

芬蘭國家衛生院研究員烏提・瓦哈拉（Outi Vaarala）提出另一種看法，他認爲接觸牛奶的胰島素會阻斷嬰兒對自己製造的胰島素的耐受性。牛的胰島素與人類不完全相同，我們意外發現它能夠使免疫系統產生反應。直到一九八〇年代，因為當時人工合成胰島素技術尚未成熟，所有胰島素皆從牛或豬的胰腺萃取出來。當我們使用牛的胰島素治療糖尿病患，他們會產生抗體，依個別情況不同發生過敏或得到自體免疫疾病。

例如，在一九八七年法國研究員曾報告一個案例：一位女性病患接受牛的胰島素治療妊娠糖尿病後，胸部和背部出現蕁痲疹，但是當醫生用人工合成胰島素替代牛的胰島素為她治療時，蕁痲疹反應就消失了[190]。現在的糖尿病患都使用生物合成的胰島素治療，這種從一九八二年由微生物製造出的胰島素與人類的胰島素完全一樣。

免疫系統對牛奶中胰島素產生的反應，代表身體對新食物抗原的生理反應。雖然牛與人類的胰島素不同，但是不同處只在於三種胺基酸。因此，免疫系統對牛的胰島素所產生的反抗會擴及人類的胰島素，也就是兒童本身的激素[191]。

那麼，對於年齡大一點的孩子呢？

儘管有興趣，TRIGR並未著手研究稍晚才接觸牛奶是否仍然對某些兒童免疫系統有害。對於糖尿病高風險群的兒童，我們也不清楚從哪個年齡開始可以安心接觸像牛奶等的外來蛋白質；事實上，大多數專家認爲具有決定性的飲食事件是發生在出生後一年間。新生兒的腸胃很脆弱，在出生後數月內接觸不同的蛋白質，特別是牛奶的蛋白質可能引發自體免疫程式，導致發炎或製造胰島素的細胞遭受毀滅。多數的研究專注於出生後三到六個月間的嬰兒飲食，但在其他生長時期的資料並不充足，也不能排除牛奶的蛋白質在幼兒期之後，對我們的免疫系統仍能造成影響的可能性。因基因改造成爲糖尿病高危險群的實驗室老鼠，首次吃了像牛奶等易引發糖尿病的食物之後就發病了，甚至在發育期才接觸的結果也一樣。所以攝取這類食物的關鍵時期，可能遠超過出生之後一年間。

一些研究顯示，免疫系統對牛奶蛋白質的反應不僅跟接觸的時期[192]，也跟童年後半期牛奶的攝取有關[192]~[193]。有一項研究發現，每天喝三杯以上牛奶的兒童比每天喝三杯以下牛奶的兒童，體內自體抗體濃度多出四倍[193]。

TRIGR的初步資料

TRIGR的研究已經獲得關於歐洲新生兒飲食的珍貴資料，二週大的嬰兒幾乎都喝母奶，但是到了四個月時，百分之三十五的嬰兒開始吃除了母奶或配方奶以外的食品，然而世界衛生組織並不建議嬰兒六個月前就開始食用副食品。歐洲嬰兒最初的副食品是蔬菜和水果，在美國則是不含穀蛋白的穀物類麵粉。北歐的新生兒比中歐和南歐的新生兒重，三個月到十八個月之間也長得較快。而嬰兒期成長速度快是第一型糖尿病發生的因素之一，北歐兒童發生第一型糖尿病的人數的確較南歐多。

多發性硬化症之謎

多發性硬化症多發生在西方氣候溫和的國家，通常在二十歲到四十歲時獲得確診，女性的罹患率比男性多三倍。

多發性硬化症病人體內，神經上的髓鞘因爲自體免疫反應而被破壞，導致經由神經系統傳達的電子信號不再協調也不受控制，游離性的電子信號這時便能夠摧毀細胞或是損壞組織。這有點類似家裡的電路系統沒有做隔離一樣。

當許多科學和醫學研究以它爲目標時，衛生主管當局卻表示對這種病症的發病原因了解有限，連歐洲和美國的病友協會也說多發性硬化症的病因是個謎。在眾多致病原因裡有基因、感染分子和一些環境因素，但就是沒有提及飲食因素。

看看這個疾病發生的地理位置，你會感到很驚訝。

多發性硬化症病患主要分布於歐洲和北美地區，因此很多人傾向主張多發性硬化症單純與缺乏維生素D這種與陽光合成作用產生的維生素有關。此種維生素擁有調節免疫反應的功能，確實很有可能是引發多發性硬化症的原因。

但是，它並不是唯一的原因。氣候溫和的亞洲國家如中國，缺乏維生素D的情況跟歐洲或北美一樣普遍，但居民卻不受多發性硬化症波及。相反的，在陽光充足的澳洲卻有同樣問題。

事實上，多發性硬化症發生的地理分布狀況，讓人聯想到第一型糖尿病和骨質疏鬆症的發生地點。多發性硬化症與第一型糖尿病例，多發生在大量攝取乳製品的國家[194]，而北歐國家、荷蘭、大不列巔群島和德國等地的多發性硬化症病發生率都很高。

神經學家羅依．史旺克（Roy Swank）在二次大戰後首先提出食物引起多發性硬化症的假設。史旺克最初在挪威任職，之後到蒙特婁，最後到奧勒岡大學醫學院主持神經科。當他了解這種疾病多發生在北方國家時，他開始對食物因子產生了興趣。一些專家提到磁場因素，他卻提出與動物性來源的食物攝取，尤其是乳製品關聯的假設[195]。史旺克特別提到以挪威內陸人們大量攝取乳製品的地區與住在海邊人們攝取較多魚類的地方做比較，前者受到這種病症影響較嚴重。

史旺克追蹤一百四十四名病患長達三十四年，他鼓勵患者遵循少量飽和脂肪、肉類及乳製品的飲食計畫；大多數人都能適應，但並不是所有人。史旺克依據病患每天攝取二十克以上或以下飽和脂肪的原則，將他們分成兩組。經過幾年，史旺克觀察到減少飽和脂肪、肉類和乳製品的飲食有顯著的成效，甚至對末期病患也一樣。一九九〇年，他將研究結果公布於《刺胳針》（*The Lancet*）期刊，指出：「發病初期就開始實行這種飲食計畫的病患中，將近百分之九十五的患者在三十年間只有輕微殘障的情況發生，僅有百分之五的病人死亡。」相反的，另一組攝取較大量飽和脂肪的病患，有高達百分之八十的病患死於多發性硬化症[196]。

從史旺克最初的研究到一九七六年懷疑牛奶爲多發性硬化症主因的這段期間，許多研究已經確認他的直覺並且加以詳細說明[197]。流行病學研究明白顯示，攝取較多乳製品的人比其他人發生多發性硬化症的機率高。不論是不同國家的比較，或甚至美國各州的比較，都能夠看出這是事實。

多發性硬化症與乳製品的關係，可能就和先前提過的第一型糖尿病跟乳製品的關係一樣。有幾個學者認爲主因與牛奶裡的一種病毒有關，但是這個觀點未獲支持。還有一個假設認爲，就像第一型糖尿病例中，蛋白質碎片從腸道進入血液中因而引起免疫系統一連串的反應。由於這些蛋白質與髓鞘（神經纖維套）的蛋白質類似，抗體於是也把它消滅了。

二〇〇一年，多倫多病童醫院研究員麥可・多許（Michael Dosch）發現第一型糖尿病患自體免疫反應，與多發性硬化症病患發生的情況相同。在這個研究裡，糖尿病患的T淋巴細胞（免疫系統中的白色淋巴球，負責摧毀外來細胞）於神經系統內攻擊髓鞘蛋白質，而多發性硬化症病患的T淋巴細胞則攻擊胰臟蛋白質。多許告訴我們：「我們很驚訝的發現，在試管中根本無法看出兩種疾病的不同處。」另外，他的研究團隊發現，多發性硬化症病患對牛奶產生異常反應⑲⑧。

多許以謹慎的態度解釋其研究結果，認爲還沒有充分證據能建議父母停止給小孩飲用配方奶或牛奶。但是一旦確認了證據，有可能得設計一套像給第一型糖尿病患一樣的飲食計畫，來預防多發性硬化症的進展。

多許與他的研究小組積極參與TRIGR的第一型糖尿病防治研究，他並且打算針對苦於多發性硬化症的患者進行另一項獨立研究。

第十四章　喝牛奶能避免過重、糖尿病與心肌梗塞的危險嗎？

如果我生病了，那是因爲我的醫生逼我喝牛奶，那種我們強迫沒有抵抗能力的小孩喝下的白色液體。

——美國喜劇演員　費爾德斯（W. C. Fields）

二〇〇五年九月十二日，拉克塔利集團，也就是發行「乳牛小花和乳糖教授」故事的乳製品公司，在巴黎比夏醫學年會召開講座（對於那些還不知情的人，我要告訴你們這些講座通常是有人贊助的）。爲了讓這場有趣的會議氣氛更活潑，拉克塔利公司請來史特拉斯堡大學醫學中心的尚－路易．史林格（Jean-Louis Schlienger）教授。史林格教授與乳糖教授一樣，對牛奶有著同樣的熱情。

史林格教授不但在乳品工業主辦的講座中反覆傳遞這個世界性的重要訊息，現在更使盡力氣想要讓它在媒體之間流傳。請想像乳製品能夠預防一種症候群，稱爲X症候群或代謝性症候群，這種症候群的病人通常腹部肥胖、容易出現糖尿病以及心血管疾病！（見下框內文）說明白點，他們就是要告訴你喝越多牛奶會越瘦，發生心肌梗塞和糖尿病的機率也就越低。

好吧，在剛看完〈喝牛奶能讓你變苗條？〉的章節，我想大家一定都會懷疑。乳製品的熱量和飽和性動物脂肪，眞的可以達到瘦身效果嗎？這樣的說法絕對不是我編造出來的。史林格教授說：「攝取越多的乳製品就越不會發胖，越不容易得到糖尿病和血脂（血液膽固醇問題）。」

帽子戲法

就像所有精采的魔術都有個訣竅，史林格教授和乳品工業援引的報告大都屬於觀察性研究，純粹只是觀察跟某個事件相關的行爲，並不能找出因果關係，要確認因果關係還需要進行其他更深入的研究。

例如我說，那些不脫鞋子睡覺的人醒來時比較容易有頭痛的問題（觀察性研究），如果因爲這樣的觀察就下結論，指出頭痛原因是由於睡覺時沒有脫鞋，是非常輕率的。比較合理的解釋是，只要前晚喝太多酒，常常會沒脫鞋就倒頭大睡，在這種狀況下，頭痛是因爲前晚喝太多酒的緣故。

胰島素阻抗性和X症候群

六十年多年前，所謂胰島素阻抗性和X症候群的說法開始出現，那時研究員懷疑胰島素在一些慢性疾病中扮演的角色。當我們攝取碳水化合物（糖、穀類和馬鈴薯等）甚至蛋白質和脂肪時，胰腺會分泌一種稱爲胰島素的激素到血液裡。接著，碳水化合物將轉化成葡萄糖，胰島素會帶領細胞擷取血液中的葡萄糖供應器官能量，血液中糖分的濃度（血糖）也得以維持穩定。

當肌肉細胞（還有肝臟、脂肪組織和血管壁細胞）不再回應胰島素的呼應——這就是「胰島素阻抗性」，這時血糖濃度維持很高，胰腺則疲於分泌更多的胰島素來修補這個情況。

胰島素阻抗性對器官會造成重大影響，使胰島素濃度長期偏高，導致整體失調，也就是所謂的X症候群，症狀包括肥胖症、糖尿病或糖尿病前期、心臟問題、高血壓、三酸甘油脂偏高、「好」的膽固醇（HDL）濃度過低等。

一九九九年五月，賓州大學的研究員在《自然》（*Nature*）期刊刊登一份報告，重要性足夠登上全球各大新聞頭條。這份報告指出，晚上點小燈睡覺的兒童得到近視的機率較高。隔年，俄亥俄大學在同一期刊上公布報告，他們並未發現小燈和近視的關聯性，但是近視的父母比較容易生出近視的小孩，而他們傾向夜晚在孩子的房間留一盞小燈。

觀察性研究也可以顯示出簡單的巧合，以下敘述就是一個例子：「五十年來全球平均氣溫與犯罪率同時升高，所以氣溫的升高是犯罪率升高的原因。」

你可能會訝異大部分怪罪菸草與肺癌關係的研究都屬於觀察性研究，並沒有正式建立一個因果關係。主要原因在於，除非展開介入性研究，否則這種因果關係很難明確受到證實。要要求一組爲數眾多的吸菸者持續抽菸達三十或四十年，再找來另一組在年齡、性別和生活模式都類似但不吸菸的人，兩組最後再進行比較，此種研究的難處明顯在於道德因素，同時也在於所需經費通常過於龐大。

那麼，該如何確認菸草會導致癌症呢？有好幾個方式：

——因爲絕大多數的觀察性研究指出吸菸者的癌症罹患率較高；

——因爲在動物實驗裡，我們發現暴露在菸草煙霧環境下的動物得到癌症；

——因爲我們有一種合理的生物性機制可以說明菸草的煙如何引起癌症：煙中所含的焦油、鎘和其他氧化物質，會導致遺傳密碼突變而產生癌症。

但是，史林格教授與乳品工業遊說團的說法並未符合上述任何一種情況。觀察性研究的確找到乳製品攝取與代謝性症候群罹患率降低的關係，但是這些研究很模稜兩可。

例如，史林格教授所援引的DESIR研究指出，研究員觀察到攝取乳製品的男性較不容易發生代謝性症候群，可是女性的情況則不同。

尤其是至少有相同數量的研究結果得到相反的結論，也就是大量攝取乳製品的人，發生腹部肥胖、膽固醇失調和糖尿病的風險較高。

乳品工業不說的話

二〇〇五年，英國布里斯托大學的研究員調查四千二百八十六名、年齡在六十到七十九歲的女性是否喝牛奶以及喝牛奶的形式。接著他們分析這些自願者，定義她們是否出現代謝性症候群的病徵（糖尿病、胰島素阻抗，或血糖指數高、高血壓、血脂和腰臀比例大）。他們得到的結論是，喝牛奶的女性與不喝牛奶的女性，後者發生代謝性症候群的比前者少百分之四十五。牛奶的種類（脫脂與否）對結果沒有影響。研究員認為「不喝牛奶的人也許可以預防胰島素阻抗與代謝性症候群的發生。」

這個「也許」說明觀察性研究下結論時必須如此謹慎[199]。奇怪的是，在拉克塔利集團的講座裡，並有提及這個研究結果。此外，他們也沒有援用以下研究結果：從一九七七年起，一些學者就指出那些因爲不能消化乳糖而不喝牛奶的人，血液中的糖、膽固醇和三酸甘醇脂的濃度都較低。

米蘭大學的研究員測試糖尿病患與健康者消化乳糖的能力，發現在健康的人當中只有百分之十四的人能夠吸收乳糖，而百分之四十八的第一型糖尿病患和百分之五十二的第二型糖尿病患能夠消化乳糖。由於糖尿病患中能夠消化牛奶的人比例較高，研究人員推斷這群人因爲比較常喝牛奶和攝取乳製品，而「使他們的糖尿病罹患率升高」[200]。

在希臘，糖尿病和胰島素阻抗性的發生率在近幾十年快速成長，雅典大學的研究員企圖找出，無論是對糖尿病患或是健康的人而言，哪些食物有助胰島素阻抗性的發展。他們的結論爲：「我們的研究顯示，紅肉和全脂乳製品攝取量的增加與胰島素阻抗性有關，能夠導致慢性病的發生，例如肥胖症、第二型糖尿病和一些心血管疾病。而大量攝取這兩種食物是西方飲食的特色。因此保健專業人員應該鼓勵人們採行較健康的飲食習慣，以減少糖尿病和其他代謝性疾病所造成的負擔[201]。」

總之，史林格教授贊同牛奶優點的一番談話，使得他可能無法受邀到衛城旁跳希臘舞。

所以，我們至少可以說，流行病學研究結果無法彙整來支持乳製品能夠預防X症候群的假設。就像牛奶可以瘦身的說法，大家都非常清楚乳品工業只公布對他們有利的研究結果，對於其他結論則默不作聲。

舉例而言，乳品工業對媒體就迴避說明乳製品是藉由何種機制來預防X症候群特有的一連串障礙。

拿糖尿病前的徵狀胰島素阻抗來說（見二二一頁框內文），久坐不動、富含飽和性脂肪跟升糖指數高的食物，都是導致胰島素阻抗發生的原因。升糖指數高的食物（麵包和馬鈴薯）能夠大幅升高血糖，有助體重的增加、糖尿病及心血管疾病的發生。相反，升糖指數低的食物（全穀類、水果和蔬菜）是唯一經過科學驗證能夠減重或維持體重的飲食。想要了解這類飲食的讀者可以參考由蒂埃里·蘇卡出版社的《IG苗條飲食法》（*Le régime IG minceur*）。

第一眼看來，乳製品好壞參半，因爲它有升糖指數低（十五～三十）的優點，但是卻含有飽和性脂肪，有助形成胰島素阻抗。

乳品工業回應：「沒問題，我們可以提供您十幾種不含飽和脂肪的乳製品。」

朋友們，這就是事情複雜的地方。

牛奶讓胰島素濃度異常飆高

一九八六年，美國明尼蘇達大學的瑪莉．甘農（Mary Gannon）致力研究一般糖尿病人飲食建議中食物對血糖的影響，其中包括蘋果、蘋果汁、柳橙汁和牛奶。她找來一群自願參與研究的糖尿病患，設定他們的飲食然後檢測他們的血糖指數。

結果並不令人意外——血糖指數在攝取牛奶後並沒有明顯升高，但是甘農也決定追蹤胰島素濃度這個控制糖尿病的重要元素。事實上，越能夠刺激胰島素分泌的食物，越不鼓勵糖尿病患食用。

在大部分的情況中，食物的升糖指數與胰島素反應是相符的。在正常的狀態下，胰島素比例會隨血糖濃度變化，升糖指數低的食物，胰島素濃度也低，而升糖指數高的食物會引起胰島素大量分泌。

甘農原本認為不太會升高血糖指數的牛奶，理應不會影響胰島素濃度。然而，當研究結果出爐，卻驚人的顯示牛奶會大大提高胰島素濃度，證明牛奶不應該是糖尿病人的理想食品[202]。

那麼，在健康的人身上又會有什麼反應呢？這個問題非常重要。

對健康的人而言，每天用餐後維持高濃度的胰島素是很危險的。當這樣的情況持續數年，可能會造成胰島素阻抗性，使得細胞不再回應激素的刺激，讓空腹時血糖濃度仍然很高，或是造成胰腺的疲乏，體內漸漸沒有足夠可以使用的胰島素。這兩種情況都離糖尿病或X症候群的發生不遠了。

經過十年時間，我們才能知道牛奶對健康的人是否也像對糖尿病患一樣，會提高胰島素濃度。

一九九六年，瑞典隆德大學的研究員海蓮娜．愛姆斯塔（Helena Liljeberg-Elmstahl）檢測早餐不同種類的穀物對血糖和胰島素濃度的作用。志願參與實驗的人以水或牛奶搭配穀片食用。愛姆斯塔測量這兩種搭配的數據。她以為牛奶的低升糖指數應該有助降低血糖，但是結果看不出兩者的差異：不管是搭配水或牛奶，食用穀類後的血糖指數都一樣。

於是，愛姆斯塔想到一個好主意——測量胰島素濃度。

與甘農一樣，愛姆斯塔相信牛奶的升糖指數低，胰島素指數應該也會偏低。她認為牛奶煮的麥片粥與水煮的麥片粥，前者分泌的胰島素應該較少。當結果揭曉，一樣得到令人驚訝的發現：加入牛奶的麥片粥沒有在餐後降低胰島素的分泌，反而使它大量分泌(203)！

因此，牛奶屬於一類特別的食物，升糖指數雖低卻能夠使胰島素異常升高。其他一些瑞典研究員希望了解發酵乳的情況。通常，酸會降低血糖，這也是為什麼酸性較高的天然酵母麵包的升糖指數比一般麵包低。但是在研究員測量幾種脫脂乳製品的升糖和胰島素指數後，發現包括發酵乳在內的所有乳製品儘管升糖指數低，仍然使得胰島素大量增加，大約跟白麵包的情況一樣（九十～九十八）(204)。他們分析說：「血中的胰島素含量能夠調節胰島素阻抗，因此我們的這個發現非常重要。」

其他實驗結果顯示這與脂肪存在與否也沒有關係，不管是全脂或發酵，牛奶都會刺激胰島素過度分泌(205)。只有乳酪例外，不過不巧的是乳酪含有大量飽和性脂肪，有助胰島素阻抗性。

不但沒有線索看出有任何機制顯示乳製品能夠預防胰島素阻抗，反而有一些臨床研究證實乳製品異常提升胰島素濃度，是公認的胰島素阻抗因子。因此，二〇〇五年，科羅拉多大學的研究員要求「在鼓勵成人，特別是那些胰島素阻抗高風險群，攝取多一點乳製品時，必須謹慎小心(205)。」史林格教授該來看看這個建議。

二〇〇七年，達能公司的一位研究員也私下承認：「以決定論的觀點來看，這個論點其實很合理：牛奶帶來必需胺基酸，刺激同化作用跟成長，也促使參與同化作用的胰島素分泌。對於苦於超重的人來說，已經屬於胰島素阻抗高風險群，這種情況下還把這些食品放到飲食計畫中，當然得質疑其正當性。」

牛奶跟白麵包一樣有害

愛姆斯塔還主導了另一項有趣的研究。她給參與實驗者白麵包搭配開水（四百毫升）或牛奶（二百至四百毫升）食用。我們知道白麵包的升糖指數極高，會過度提升血糖濃度，因此結果不讓人意外：研究對象的血糖濃度如預期升高，加上牛奶並不影響結果。

而在胰島素方面，就令人沮喪了。白麵包搭配開水的點心組合已經增加胰島素的分泌，搭配牛奶更是升高了百分之六十五。於是她又展開一項新的研究，這次為升糖指數低的食物：以一盤麵食搭配開水或牛奶食用。這次也是一樣，牛奶並沒有改變血糖濃度，但是麵食搭配牛奶食用，胰島素濃度比另一組合爆炸性飆高了百分之三百以上。

愛姆斯塔對於這個發現感到很憂心，她寫道：「即便只是一杯牛奶，配上低升糖指數食品都能使胰島素濃度上升到像吃了白麵包一樣。這個現象的長期代謝後果需要加以釐清[206]。」

到底乳製品如何預防X症候群？

即使研究顯示攝取大量乳製品的人較少罹患糖尿病、心血管疾病或代謝性症候群，這仍不表示這些食品能夠預防這些疾病。只是這些研究結果中出現了某些一般性的飲食行為，而乳製品只是剛好包括在這些行為中而已。由於這些食物被廣告、醫生、政府機構以有益健康的姿態呈現，遵照這些建議的人，擁有健康的生活方式（多吃水果、蔬菜、多運動）也是那些相信自己做得沒錯、樂意多喝牛奶的人。

在這裡乳製品只是標示了一個普通飲食行為，而它們不受歡迎的作用則被其他有益健康的習慣給減輕或抹去了。此外，這也是這些研究的執行者所預期的。

一項由哈佛大學主導、對象為四萬一千二百五十四名醫生的研究發現，攝取大量脫脂牛奶、優格和乳酪的人，罹患第二型糖尿病的機率較攝取少的人低，但在這個研究中，研究人員並未釐清乳製品是經由何種機制減低糖尿病罹患率。

事實上，這是因為牛奶中的鎂跟乳清蛋白能夠改善胰島素的反應。但是在全脂的乳製品中一樣可以找到這兩種物質。然而，在這項研究中大量攝取全脂乳製品者的糖尿病罹患率，並沒有比其他人低⑳⑦。這個研究正好說明闡釋此類研究結果的困難。

主導這項研究的法蘭克．胡（Frank Hu）並未做出「乳製品可以預防糖尿病」這樣的結論。他寫道：「乳製品可能與這些人共同的隱藏因素聯結，使得他們的糖尿病罹患率降低。」此外，他還詳細說明「除了攝取乳製品外，還有其他降低糖尿病罹患率的方式：多吃富含纖維的食物、核桃，以及減少食用糖、甜食和汽水等食品。」

伴隨研究報告刊登的一篇社論中，奧克蘭兒童醫院的研究員珍奈・金（Janet King）呼籲大家謹慎看待此事。她提醒：「乳製品似乎有助提高前列腺癌風險，對於某些兒童來說，則會提高幼年型糖尿病罹患率[208]。」

MONICA研究計畫其中一項分支研究的研究員，觀察到很少攝取乳製品的人中有百分之三十三發生代謝性症候群，大量攝取乳製品的人中有百分之二十二，差異雖然明顯，但是這對流行病學研究來說不夠重要[209]。史林格教授卻從中發現證據，認爲攝取大量乳製品能夠預防此類疾病。不過執行研究者較爲謹慎，他們認爲喝較多牛奶，攝取較多乳製品的人比較注意他們的健康狀況。里爾巴斯德學院的尚・達隆吉維爾（Jean Dallongeville）教授爲研究執行人之一，他說明：「他們做較多的運動、少喝酒、少抽菸。」美國心臟醫學會主席羅伯・艾可（Robert Eckel）醫師在一個於達拉斯舉辦的會議中，對這些研究結果做出評論：「很有意思，但是談到是否存在因果關係，就不是很清楚了[210]。」

當觀察性研究提出相關性時，需求助涉入性研究確認相關性的因果關係。在這些實驗期間，研究對象在直接揭曉他對健康造成的影響前，被要求攝取某種食物——在這裡是牛奶。據我所知，直到今日此種研究只完成一項。

研究並未發現給予八歲兒童較多牛奶（就像法國政府鼓勵的）有助減降低胰島素阻抗的指數。實際上，得到的結果完全相反。丹麥研究員找來二十四名男孩，要他們在七天期間，攝取含有五十三克蛋白質的乳製品，或是蛋白質同等含量的肉類。結果牛奶組的男孩在空腹時胰島素濃度增加一倍，胰島素阻抗也一樣。肉類組的男孩則沒有任何紊亂狀況發生。研究員感到非常憂心，理性自問這種飲食的長期影響爲何[211]？

膽固醇方面也沒好多少

如果你喜歡乳製品有助減肥的說法，你會更樂意聽到乳製品能夠減少膽固醇的消息。美國乳製品理事會出版一本名爲《乳製品與營養導覽》（*Dairy Products and Nutrition Guide*）的書，比史林格教授更謹慎的保證「乳製品不會增加膽固醇」。

爲了證實該觀點，書中援引了一篇於一九七七年由英國艾倫・豪爾（Alan Howard）和約翰・馬克斯（John Marks）所公布的研究結果：喝牛奶的人會使膽固醇指數大大降低。

當然，不管是美國乳品工業或是史林格教授都沒做後續報告。許多研究員嘗試複製這個研究，卻都得到完全相反的結果——乳製品，尤其是非脫脂食品，會讓膽固醇指數攀升。其中一個由澳洲研究員大衛・羅伯特（David C. K. Roberts）主導的研究顯示，每天攝取一公升牛奶能夠使膽固醇指數升高百分之九㉑²，豪爾和馬克斯後來也承認：「跟我們先前提出的結論不同；羅伯特和他的夥伴沒有發現任何證據證實牛奶裡有能夠降低膽固醇的因子。在重新審視科學研究、我們公布的資料和近期尚未公布的研究結果之後，我們同意他們的結論㉑³。」你將不會在美國乳製品理事會的書中看到，或在史林格教授的講座裡聽到這句話。

此後，所有以正確方式進行的研究都顯示，依據乳製品脂肪的含量，將使膽固醇指數升高到不同程度㉑⁴～㉑⁵。

當史林格教授和其他乳糖教授鼓勵我們多攝取乳製品，以減少膽固醇、高血壓、X症候群、糖尿病和心肌梗塞的發生時，我們應該要聽從他們的建議嗎？幾年前，那些參與美國一項大型流行病學研究的三萬多名更年期婦女可能就這麼做了，但結果是——那些攝取最多乳製品的人，也是因心血管疾病死亡率最高的㉑⁶。

視聽混淆的國度

乳製品除了對這些專家學者有種不可抗拒的吸引力，同時也帶來相當的矛盾點，對於大眾來說，則產生混淆。舉個例子：法國食品衛生安全局跟國家營養健康計畫委員會的專家們同聲建議，每天攝取三到四份乳製品以維持健康，但是這些專家也同時告訴我們要控制脂肪攝取量，照他們的說法脂肪攝取量必須控制在總熱量的百分之三十五以內，特別要注意動物性飽和脂肪，也就是心血管疾病的罪魁禍首。

好，那猜猜看哪種食品帶來最多動物性飽和脂肪呢？在西方國家，乳製品不僅是總脂肪的主要來源，同時也是飽和脂肪的主要來源[217]！三到四份非脫脂乳製品含有十五到二十克飽和脂肪。根據專家的說法，一位每天攝取一千八百卡路里熱量的婦女，不能攝取超過十六克脂肪，老年人則應該限制在十五克以內；爲了解決這個矛盾，專家們提出一個天才辦法：當然就是脫脂乳品囉！只要攝取不含脂肪的優格跟牛奶就行了。

這個建議看起來眞是太周全了，但實際上頂多只有個別效果，對於食品衛生安全局跟國家營養健康計畫委員會負責的整體國民健康，卻一點幫助都沒有。

要知道乳品工業定的脫脂牛奶價格跟全脂牛奶相同，而且抽取出來的脂肪又拿來再利用，加入鮮奶油、乳酪、冰淇淋或其他產品中。如哈佛大學公共衛生學院院長以及《營養》電子月刊的科學顧問魏勒特教授所言：「一但牛奶被擠出來，其中的脂肪就進入消費循環裡，最後總是被人吃進肚子裡。」就算不是你，也可能是你的兄弟。

乳品工業這個回收利用成功得不得了，雖然全脂牛奶的銷售量下降，但是四十年間牛奶帶來的脂肪總量維持平穩。譬如在法國，一九八〇年到二〇〇〇年間乳酪消費量成長了百分之三十，在一九五〇年到二〇〇七年這五十多年間，每人每年消費的乳酪從五公斤上升到三十公斤，也就是百分之五百的成長率，這也是爲什麼食用脫脂奶品的建議對改善大眾健康而言毫無意義。

根據一份針對八萬名婦女長達十四年的研究結論，魏勒特教授指出：「如果我們用不飽和脂肪來替代飽和脂肪百分之五的熱量，心肌梗塞或因心血管疾病死亡的機率就會降低百分之四十。」所以，如果我們少喝一點牛奶，多吃一點核果如核桃或榛子的話，就能大大改善整體國民健康。

另外，乳製品也是反式脂肪的主要來源，所以我們又要面對另一個不得了的矛盾。在很多研究實驗中，反式脂肪以另一種形式存在於食物製品、糕點及餅乾中，會增加罹患心血管疾病的風險。乳品工業花了天文數字的經費來證明，乳品當中的反式脂肪跟其他的反式脂肪反應並不相同，甚至對人體有益，可以預防癌症，也不會提高心血管疾病的風險。

拯救乳品反式脂肪行動！

雀巢公司與國家乳品經濟同業中心聯合紐西蘭乳品集團恆天然（Fonterra），一起贊助國家農業研究院的研究員，希望可以證明乳品中的反式脂肪跟工業用的反式脂肪不同，對於一些心血管疾病尤其跟膽固醇關係密切的風險指標，不會造成負面影響。

如果只看二〇〇八年發表的新聞稿，這個TRANSFACT的研究結果簡直就是太神奇了，因為它認為「即使每天超量攝取天然的反式脂肪，也不會對心血管造成負面影響。基於上述原因，我們不能把兩種不同來源的反式脂肪混為一談，有關降低反式脂肪攝取量的建議，應該只局限於人造反式脂肪。」

但是當我們仔細研究這些研究員到底發現了什麼，那又是另外一回事了。先告訴大家一個壞消息：乳品中的反式脂肪跟人造反式脂肪一樣，會降低男性的好膽固醇含量，至於女性，只有人造反式脂肪會引發前述反應。好吧，也許對男性沒什麼好處，但是對女性應該會有一、兩個好處吧？不過接下來，乳品中的反式脂肪也讓女性體內的壞膽固醇量攀升，而人造反式脂肪酸反而可以讓它下降！至於另一個心血管疾病的風險因子三酸甘油脂，對人造反式脂肪沒有反應，但是乳品中的反式脂肪卻可以讓它升高！這眞是個災難。

從這些結果看來，我們幾乎可以找出人造反式脂肪的好處來了！

此研究報告的作者為了挽回面子，千辛萬苦的測量那些低層級的「好」膽固醇跟「壞」膽固醇，然後試圖說服讀者牛奶裡的反式脂肪不會影響這些次級的壞膽固醇。這一切的做法實在不怎麼專業，唯一比較像樣的結論，是作者們在某個段落裡迂迴提到：「從這個研究裡很難對反式脂肪（不管是天然還是人造）是否影響一般人罹患心血管疾病的風險做出結論[218]。」這跟新聞稿的內容可眞是相去甚遠。

二〇〇七年，英國科學主管機構發表了天然與人造反式脂肪的作用，指出幾年前一小部分流行病學研究的結果，讓人以爲人造反式脂肪對於心臟來說比乳品反式脂肪更危險；不過他們也說明，比較近期的研究分析顯示，長期下來後者並沒有比前者値得推薦。這似乎跟TRANSFACT的研究結果相符。

這個故事的教訓是：即使是來自乳品的反式脂肪，也不過是有缺點的反式脂肪[219]。而其中一個缺點，不好意思，就是造成對胰島素的反應遲緩，特別是對糖尿病人而言。瑞典烏普薩拉大學最近發表的一篇文章表示：「共軛亞油酸（CLA）對胰島素產生的作用，是所有脂肪酸引發的副作用中最嚴重的一種[220]。」

在一份二〇〇五年的報告中，法國食品衛生安全局的專家建議減少攝取反式脂肪。他們說得沒錯，但是要減少乳製品攝取嗎？不是，專家們建議少吃糕點、酥皮點心跟餅乾，不過「不要減少攝取牛奶跟乳製品，請選擇半脫脂或脫脂的產品。」

我們都知道接下來發生了什麼事。

第十五章　營養學家隱瞞的真相：人體到底需要多少鈣質？

增加所有年齡層的鈣質攝取是首要目標。

——國家營養健康計畫委員會

幾年前英國一群考古學家在修復一座古老的教堂時，挖出了一七二九年至一八五二年間死亡的女性骨骸。這給了倫敦代謝性疾病學院的骨質疏鬆症專家約翰．史蒂文生（John Stevenson）教授一個特殊的機會，比較十八、十九世紀女性和現代女性的骨質密度。這項研究的結果刊登在《刺胳針》，證明骨質疏鬆症在十八世紀仍屬罕見，我們的祖父母一生中流失的骨質，比我們的母親和另一半少了許多[221]。

那時代的乳品鈣質和鈣質的攝取都比現在少許多。兩個世紀以來，骨質疏鬆症已經成爲普遍性的疾病，即使現代人類攝取的鈣質已是史上最多。很明顯的，現今的飲食建議肯定是在某個環節出了差錯。

不攝取乳製品就無法維持體內適量的鈣質，是已開發國家的健康建議之一。但我們必須自問，爲什麼人類經過幾百萬年沒有牛奶的生活，卻仍然能夠直立行走？事實上，這個寓言經不起事實的考驗。

然而，鈣質攝取建議量就擺在眼前！看著這些精確的數字，會讓人誤以爲我們擁有可以決定需要攝取多少鈣質才能滿足所需的可靠精密工具。其實這是錯的，寧可承認我們不確定，也不要讓一名五十歲女性相信她每天一定得攝取一千二百毫克的鈣質。

如何計算鈣質需要量

人體的鈣質需要量是根據所謂「鈣質平衡」的研究來計算，研究中企圖找出一個可以補充流失鈣質的平衡值。依據直到一九七〇年代的研究，成人似乎應該要攝取大約五百五十毫克的鈣質以確保平衡。這個數值於一九九二年得到歐洲科學家的認同。爲了要確保百分之九十七・五的歐洲人每天都能攝取到五百五十毫克的鈣質，當時建議的每日鈣質攝取量爲七百毫克。

但是這些研究忽略了從皮膚流失的鈣質（每日約四十毫克）。一些研究員計算出來，若要彌補這四十毫克的膳食鈣質，需要在原來估計的五百五十毫克外再多攝取二百毫克的膳食鈣質。爲了確保百分之九十七・五的人口每天都攝取七百五十毫克的鈣質，最終的鈣

法國建議鈣質攝取量

族群	毫克／日
青少年	1200
成人	900
55歲以上女性	1200
65歲以上男性	1200

質攝取量建議爲每天八百毫克到一千毫克。

國際衛生組織也做了個近似的計算：一個成人每天攝取五百二十毫克的鈣質可以達到平衡。但是如果把每天六十毫克的相關流失計算在內的話，那就變成每天必須攝取八百四十毫克了。再加上統計的安全係數，國際衛生組織得到每天一千毫克的數字。

法國後來也根據相似的邏輯來推算鈣質建議攝取量。原本被委任的科學家認爲一個成人每天「肯定」會從尿液排出一百三十毫克的鈣，經由汗液排出二十毫克，再加上平均每天一百一十毫克「不可壓縮」的流失，於是每天排出的鈣質約爲二百六十毫克。假設膳食中的鈣質有百分之三十五到四十被人體吸收，那人體每天至少需要攝取七百毫克的膳食鈣質來補充流失。這個數字如果再加上百分之三十的安全係數，就得到成人每天九百毫克，青少年、五十五歲以上的婦女及六十五歲以上的男性一千二百毫克的建議量。

這些數字都被乳品遊說集團及乳品之友拿來當做每天攝取三到四份乳製品的有力說詞，而法國營養建議的作者則在一份給乳品工業的文件中寫到「在西方的飲食習慣中，攝取的鈣質裡至少有三分之二來自乳品，非乳品食物只提供每天三百到三百五十毫克的鈣質。所以除非使用鈣質補充劑，不然不可能在沒有乳製品的情況下滿足每天所需的鈣質。」我們還能說什麼呢？

當然，跟所有魔術表演一樣，這裡頭也藏有機關，本書非常樂意爲您揭曉。

不停往前跑的建議攝取量

由於骨質疏鬆症病例不停成長，我們固執的認爲攝取更多鈣質是唯一的解決之道，建議攝取量於是追著骨質疏鬆症的成長賽跑。一九九二年，法國的建議攝取量爲每天八百毫克，八年後又增加一百毫克。德國、奧地利和瑞士更多，增加了二百毫克。義大利、荷蘭、加拿大和美國則估計成人每日鈣質攝取量最少要一千毫克。救命啊！誰來阻止他們？

一切靠運氣

首先，如果你被這些深奧的統計數字嚇到了，先吐一口氣，這些數字看起來似乎很嚴謹，但事實上誰都不知道我們實際需要多少的鈣質量。

大多數關於鈣質量的研究，尤其是針對女性的研究，都是短期研究。這類的研究結果並不能延展為長期鈣質需求量。擁有一群精英研究員專門研究這個主題的挪威奧斯陸大學醫學院承認：「因為器官能夠自動調節來適應較少的攝取量，因此關於鈣質平衡的研究很值得受到檢視，而且身體活動也會影響鈣質的保持；所以這類研究結果很難解讀。」挪威衛生部任意採用每天八百毫克的建議攝取量，但是奧斯陸大學寧願承認「我們尚未了解對鈣質的生理需求量」。

公布了好幾項有關膳食鈣質和骨質疏鬆症關係研究的哈佛大學公共衛生學院，也持同樣的看法。他們說：「要眞正了解身體如何長期適應不同鈣質攝取量，必須有一套長期研究計畫，而這類計畫目前並不存在。」主持公共衛生學院的魏勒特教授還揭露了政府機關對鈣質需求量的意見不一：「美國和英國的政府專家依據相同的研究資料，各自建立他們自認為最適當的攝取量。在美國我們認為成人每日基本需求為一千毫克，在英國則足足少了百分之三十，為七百毫克！」

母奶沒有足夠的鈣質?!

與配方奶相比，母奶中的鈣質含量少了二倍，而人類照樣發展得很好；我們的祖先從沒看過奶粉，卻擁有非常健康的骨骼。但是在「高骨質密度」教條的壓力下，一些醫生認爲要增加鈣質，奶粉還是較好的選擇。

他們沒有建議奶粉配方減少鈣質含量，反而要求要增加！由於這個議題引起激烈辯論，就連身爲奶粉實驗室顧問的史蒂文．亞柏（Steven Abrams）博士，也在最近一篇文章裡被迫選邊站：「我們傾向盡可能的增加每個年齡層的骨骼密度，以減少骨質疏鬆症的罹患率。但是如果把這個理論套用在嬰兒身上，我們將得到母奶中鈣質含量不夠豐富的結論。（……）但是沒有一項科學證據支持這種說法。（……）

「而且我們掌握的資訊說明母奶是鈣質和其他相關礦物質的最佳來源。所有的嬰兒奶粉配方（……）都含有比母奶更豐富的鈣質和磷。

「問題不在於如何讓配方奶粉含有更多的鈣質以增加骨質礦物密度。相反的，我們應該自問是否該用母奶當做標準來要求人工配方，以達到與喝母奶嬰兒相同的骨質密度爲目標。因此，我們應該改變觀念，不要再認爲多就是好，即使我們談的是鈣質和骨骼[222]。」

酸鹼平衡

爲了能正常運作，我們的器官需要一個酸鹼平衡的環境，pH值既不能太高也不能太低，而這個平衡大部分取決於飲食。

酸性食物：穀物、蛋白質，尤其是動物性蛋白質中的胺基酸帶有硫跟磷，鹽則帶來氯離子，結果形成硫酸、磷酸跟鹽酸，給身體組織帶來酸性負荷。

鹼性食物：水果、蔬菜、綠葉蔬菜、果類蔬菜（番茄）、根類跟塊莖蔬菜，則含有鹼性鉀鹽。

PH是什麼？

pH值，亦即氫離子濃度指數（potential Hydrogen），顯示溶液中氫離子的活度，用來測量水溶液的酸鹼度。整體而言，人體組織比較喜歡偏鹼的環境，血液的pH值在七．三五跟七．四五之間，屬弱鹼。

數百萬年以來，人類一直都以鹼性飲食為主，直到今天世界上很多地方還是如此。大量攝取植物性食物很容易就可以中和因為食物代謝或者少量攝取肉類所產生的酸，這個弱鹼性的環境也是人類基因最適應的環境。

可惜的是，自從一萬年前以來，人類飲食長期偏酸性，近二個世紀情況變得更加嚴重，我們攝取越來越多穀類、肉類、乳製品和鹽，越來越少蔬菜跟水果。

科學家們懷疑這種慢性酸化的環境促使肌肉流失、生成腎結石，並造成高血壓。更重要的是，這也是解釋骨質疏鬆症病患大量增加的可能原因之一。

事實是，如果我們吃進太多酸性食物，為了要中和過多的酸性物質，身體動用了骨骼中的檸檬酸鹽和碳酸氫鹽當成中和劑，問題是這些物質以檸檬酸鈣跟碳酸氫鈣的形式存在骨骼中，使用這些中和劑等於消耗骨骼中的鈣質，結果就導致骨質密度下降，骨質變脆弱，造成骨質疏鬆症。也許這就是在一些研究中，那些攝取較多鹽跟動物性蛋白質的受試者骨折風險較大的原因。如果我們把攝取的動物性蛋白質加倍（從每天三十五克增加到七十八克），尿液中排出的鈣質就會增加百分之五十。慢性酸化就是這樣排出骨質中的礦物質「溶解」我們的骨骼，同時也讓肌肉流失，損害腎臟。

英國學者以十六到十八歲，一百一十一位男孩跟一百〇一位女孩爲對象，測量他們體內的酸鹼平衡度，結果發現那些體內酸性過高威脅到骨質的青少年，都攝取大量的牛奶、乳製品、肉跟穀物。因爲乳製品中含有大量鈣質，那些攝取較少量鈣質的青少年體內的酸鹼平衡反而比較正常！研究的作者認爲，這個結果等於是「對一般認定幫助青少年增進骨骼健康的營養食物提出質疑[224]。」也許連帶也能讓人質疑營養專家大力推薦的牛奶穀片早餐，是不是眞的那麼好！

狩獵採集者跟農人的骨骼不一樣

密西根州底特律福特醫院的骨科專家桃樂絲．尼爾森（Dorothy Nelson）醫生，將約六千年前北美洲以狩獵採集維生的人類，他們的飲食是祖傳的鹼性飲食，以及生活在同一地區，約一千二百五十年前以現代飲食爲主的農耕人類，比較他們的骨質礦物密度跟皮質骨厚度。

結果是狩獵採集者的骨骼密度較高，骨骼也比較厚，因年齡增長引起的骨質流失也比較輕微[223]。

瞞著我們的事

這一連串鈣質攝取建議菜單中，最大的祕密是人體對鈣質的實際需求其實會因生活模式不同而有所不同。不過請不要聲張。事實上，像衛生主管機關跟營養學家那樣公告一個通用數字，讓無法達到這個攝取標準的人感到內疚，是很荒謬的。

如我們先前看到的，攝取越多動物性蛋白質，越會讓鈣質流失：每次攝取一克的動物性蛋白質，我們就會流失一毫克的鈣質。同樣的，攝取越多鹽分，也越容易流失鈣質：增加一克的鈉（約二．五克的鹽），會使身體流失十五毫克的鈣質。這些變動一方面跟蛋白硫帶來的酸化作用有很大關聯，因而產生硫酸；另一方面，鹽裡的氯則促使鹽酸合成。穀類也具有很強的酸性，我們雖然不確定它是否會造成鈣質流失，但是可能性很高。

法國跟國際衛生組織又或是歐盟，這些組織都是以西方國家多鹽、富動物性蛋白質的酸性飲食為基礎來計算攝取建議量，而這種飲食模式跟衛生主管機關推廣的健康膳食，也就是多蔬菜水果、寡肉少鹽，眞是天差地遠。

事實上，接下來我們會看到，如果我們如同主管機構跟營養學家所建議，採用酸性低的飲食模式，人體就能更有效的保住鈣質，鈣質的需求就會大大降低。

因此，這讓我們處於一種精神分裂狀態，因爲我們的專家並未依據理想的均衡膳食（也就是國家營養健康計畫委員會鼓吹的）來計算建議鈣質攝取量，而是一味提高建議攝取量，等於幫國民的錯誤飲食習慣（過多動物性蛋白質：肉類、肉類加工品跟乳製品）以及食品工業過量添加鹽分的行爲背書。

如果因爲過量攝取某些不良食品而提高其他營養素的需求量，此做法雖然驚人，也還可以解釋。舉例而言，因爲鹽分攝取而大量提高人體鉀的需求量，不過問題是鉀跟乳品鈣質不同，並沒有遊說集團幫它廣告；所以鈣質的建議攝取量跟營養需求完全沒關係，而鉀的需求因爲沒人因此獲益，就沒人理了。法國政府並未訂定鉀的建議攝取量，因爲一般的膳食就足以補充人體需要了。

最高營養機密

在法國，每位成年男性每日的蛋白質攝取量爲九十克，女性爲七十克，且大多爲動物性來源的蛋白質。包括乳製品在內的動物性蛋白質攝取量若是能減少四十克，就能減少流失四十毫克的鈣質，這麼一來，鈣質需要量大約降低了二百到二百五十毫克。

每位法國成年人每天的鹽攝取量爲十二克；如果能減少二到三克的鈉，就能再減少二百毫克的鈣質需求。

若不想減少攝取動物性蛋白質，讓身體鹼化也可以減少鈣質的需要，而我們可以靠增加食用水果和蔬菜來達成鹼化，因爲這類食物含鉀。研究員在一項研究中讓更年期婦女將每天鉀的平均攝取量從二．三增加到五．四克，尿液中的鈣質便減低了六十四毫克；理論上，這樣大約「節省」了每天三百毫克的膳食鈣質需要量㉕。

即使鹽分高的飲食會引起尿鈣的負面作用，但只要在我們每日飲食中添加檸檬酸鉀就可以中和㉖。

此外，從比較純素食飲食與奶素飲食的研究可以知道，純素食飲食搭配含鈣的礦泉水所含的鈣質，比加入乳製品的飲食少得多；可是分析的結果並未顯示素食者有缺乏骨骼鈣質的問題。事實上，素食者比奶素者吸收較多的膳食鈣質㉙。

乳品工業和旗下的營養學專家會希望以下內容永遠不要公諸於世，因爲您眞正需要的鈣質量遠比乳品工業、營養專家跟政府部門公告的要少得多。在如此少量的需求之下，根本不需要乳製品，可以完全停止食用，或者也可以繼續偶爾吃一點。

鈣質越少越容易吸收

一個八歲的美國小孩每天攝取九百毫克的鈣質。一些精密的研究顯示，這些鈣質有百分之二十八被人體吸收，也就是每天二百四十六毫克㉗。同齡的中國小孩每天只攝取三百六十毫克的鈣，但是卻吸收了百分之六十三，也就是二百二十六毫克，跟美國小孩吸收的量非常接近㉘。

在本書的初版中，我曾經萬分謹慎的大略估算了一下在理想膳食中所需的鈣質，類似我們在《怎麼吃最健康》（*La meilleure façon de manger*）中看到的飲食法（見二六三頁）。當時我發現一個成人每天需要至少四百毫克的鈣質，是「官方」數字的一半。

想當然爾，這個數字讓乳品工業跟乳品之友嘩然。為法國國民做鈣質攝取建議報告的作者雷翁．蓋艮（**Léon Guéguen**），同時也是乳品商的忠實發言人，就曾毫不客氣的扭曲取笑我的結論（見二七六頁〈附錄二〉）。這很正常，我自己也承認那個計算相當粗略，況且我又有什麼資格質疑如此優秀的專家所訂定的官方數字呢？

我同意只有在公共衛生方面公認的專門組織計算出來的數字，才具有足夠的公信力。最好是個國際性組織。譬如說，國際衛生組織。

剛好，國際衛生組織確立了人體眞正的鈣質需求量。

這個故事很精采，國際衛生組織先是把成人每日所需的鈣質設定在很有智慧的八百四十毫克，接著他們遇到了一個小問題：世界上大部分的居民，尤其是非洲、拉丁美洲跟亞洲人都沒有食用乳製品的習慣，這些國家裡的成人每天平均「只」吃下三百四十四毫克的鈣，而在西方已開發國家的平均攝取量爲八百五十毫克。這些每天只能攝取三百四十四毫克的鈣且沒有乳製品可吃的可憐人，卻很少見骨質疏鬆性骨折，特別是讓牛奶飲用者受苦的股骨頸骨折，這就是國際衛生組織所謂的「鈣質悖論」。要怎麼把幾乎三倍的標準值強加在這些人身上？他們明明就沒有任何問題。眞是個難題……

於是國際衛生組織又開始另一個深奧的計算，這次把亞洲、非洲跟南美洲典型的飲食形態納入考量，也就是攝取較少量的鹽跟動物性蛋白質；或者如果你也注意飲食品質，每天攝取的動物性蛋白質在二十到四十克以內，並且控制鹽的攝取，那就是你的飲食形態。國際衛生組織計算在這種情況下，一個成人每天只需要四百五十豪克的鈣質，如果加上安全修正係數的話，每天的建議攝取量就變成五百四十毫克了。

這眞是個驚喜！這正好是我在本書初版裡計算出來的數字！跟衛生主管單位每天想

塞入每個法國人肚子裡的數目差別還眞大！現在我們就等著優格或卡蒙貝乳酪之友起來反抗國際衛生組織吧。

該記取的訊息是，我們大可以只攝取乳品教傳播的一半鈣質而不會影響健康，這麼做的話就接近非洲或亞洲的攝取量，每天大約在五百到六百毫克之間，再配合鹼性飲食，就可以滿足身體對鈣的需求。

已開發國家由政府機關和衛生部頒布的鈣質建議攝取量，也許適合飲食習慣不好的一群人（極少或完全沒吃蔬菜水果，但是食用過多的穀類、乳製品、肉類、肉類加工品和鹽等），也不能一概否決。然而，這個建議就不適合攝取水果、蔬菜及少鹽的人。如果你正好符合前述的飲食形態，就不需有「鈣質恐慌」，因爲你的鈣質需求量並不高，只要確保每天攝取五百到六百毫克鈣質，即使完全不吃乳製品也並不難達到。乳品工業輸了！

第十六章　不需猛灌牛奶也能預防骨質疏鬆的方法

以目前所知的資料來說，大力推銷乳製品是不負責任的行爲。

——《營養》電子月刊科學顧問、哈佛大學公共衛生學院院長　魏勒特教授

◆鈣質

我們已經知道骨骼需要適量的鈣質，但是乳品遊說集團過分誇大了大量攝取鈣質對骨骼健康的重要性。如果我們能遵循適合人類生理的飲食模式，注意保持酸鹼平衡的話，那麼骨骼就可以有效留住鈣質。

那麼在健康飲食中，要如何確定攝取了足夠的，也就是成人每天所需五百到六百毫克的鈣質呢？

另外，除了乳製品外，要從哪裡獲得鈣質呢？讀者在讀了本書以後常會提出這個問題，而這個問題正代表了乳品工業的洗腦有多成功，讓人認爲只有乳製品能帶來鈣質！到底我們是怎麼被洗腦的？舉個例子，二〇〇一年一本名爲《預防骨質疏鬆症引起的骨

折》的小冊子裡有一份「鈣質攝取估算表」（請見下表），根據此表，如果你昨天沒有吃任何乳製品的話，那麼你連一毫克的鈣都沒攝取到。快快快，拿拐杖來！這當然是個謊言。而這本深具教育意義的小冊子還是由法國國家營養健康計畫委員會跟衛生部認證蓋章。

從七百萬年前一直到今天，地球上大部分的人類都沒有食用乳製品，卻從來不缺鈣。美國舊石器時代飲食專家柏依德．伊頓（Boyd Eaton）估計在完全沒有乳製品的狀況下，當時的飲食提供約每天一千五百毫克鈣質㉚，而這些鈣質絕大部分來自植物性食物。

數百萬年間，我們的祖先食用植物的花、葉、果實、種子都含有鈣質。當我們分析瓜地馬拉猴吃的食物，包括二十六種果實、兩種葉子、四種種子跟一種花，發現每一百克裡含有九十毫克的鈣質㉛。

不過這些植物來源的鈣質並不能完全被人體吸收，因為植物中含有植酸跟草酸，會妨礙鈣質吸收。無論如何，這都證明沒有乳品的飲食也能滿足生理上的鈣質需求。

水果跟蔬菜是很好的鈣質來源，尤其十字花科植物（所有種類的甘藍菜跟花椰菜）中的鈣質特別容易被吸收，約有百分之四十到六十；相對的菠菜中因為含草酸，鈣質就很難被人體吸收，只有百分之五到十。而大豆即使含有影響鈣質吸收的成分，卻也相當容易為人體吸收；一百克水果中含有四十到二百毫克的鈣質，也是很有價值的鈣質來源。

鈣質攝取估算表（大約估計）

昨天您吃了……

牛奶	沒吃	1杯 （125毫升）	1碗 （250毫升）	2碗 （500毫升）
點數	0	1	3	5
優格	沒吃	1/2個	1個	1個
點數	0	1	2	4
白乳酪	沒吃	100克 （3大匙）	200克	400克
點數	0	1	2	4
卡蒙貝乳酪	沒吃	30克	60克	
點數	0	1	1.5	
小瑞士鮮乳酪	沒吃	1個	2個	4個
點數	0	0.5	1	2
格呂耶爾乳酪	沒吃	20克 （乳酪絲）	40克	60克
點數	0	2	4	6
格呂耶爾鮮奶油	沒吃	1份	2份	
點數	0	1.5	3	

（資料來源：尚德勒〔Jeandel〕教授私人資料）
所有點數相加得到總和：
總和1相當於100毫克的鈣
總和5相當於500毫克的鈣
總和12則相當於1200毫克的鈣

另外，水也是個很好的鈣質來源，礦泉水中的鈣跟牛奶中的鈣一樣容易被吸收，有時甚至更容易㉜。事實上有兩種不同的礦泉水：含有硫酸鹽跟鈣的礦泉水，像是礦翠（Contrex）或赫帕（Hépar），通常是無氣泡的礦泉水；另一種是含碳酸氫鹽跟鈣的礦泉水，鈣的含量通常較少，不過可以帶來碳酸氫鹽，這種礦泉水通常是氣泡水。如果以等量的鈣質來比較的話，似乎是含碳酸氫鹽的礦泉水中的鈣比較容易被吸收，這跟碳酸氫鹽與硫酸鹽在酸鹼平衡中的角色有關。然而，硫酸鹽礦泉水中通常含有較多的鈣質，所以兩者最終對鈣質的貢獻可能是一樣的。

動物性來源的食物鈣質含量很低，通常一百克裡只有十五到二十毫克，不過沙丁魚如果連魚骨一起食用的話就會是很好的鈣質來源（這是選擇吃整條沙丁魚而非沙丁魚排罐頭的好理由）。

下表比較了乳品鈣質跟其他來源的鈣質，除了鈣質含量以外，也做了吸收程度的比較。舉例來說，一杯二百四十克的牛奶含有三百毫克的鈣，其中百分之三十二爲人體吸收，也就是不到一百毫克的鈣；比較之下，只要食用不到一份的大白菜（〇．七份），又或者是二杯半的赫帕礦泉水，就可以得到等量的鈣。假設一天喝一公升的含鈣礦泉水、吃一份沙丁魚跟一份大白菜，在沒有乳製品的情況下，就能輕易得到九百毫克的鈣質。

爲了得到必要的鈣質，完全不需要屈服於每天三到四份乳製品的強制命令，你可以聽

各種鈣質來源比較

食品	每份（克）	鈣質含量（毫克）	吸收率（百分比）	鈣質吸收量（毫克）	與一杯牛奶鈣質相等分量（約100毫克）
大白菜	120	337	39.6	133.5	0.7
芥菜	120	300	40.2	120	0.8
牛奶	240	300	32.1	96.3	-
乳酪①	40	300	32.1	96.3	1
優格	125	228	32.1	73.2	1.3
青江菜	120	112	53.8	60.3	1.6
碳酸氫鈣礦泉水②	240（1杯）	100	45	45	2杯
罐頭沙丁魚	75	180	27	48.6	2
羽衣甘藍	120	86	49.3	42.4	2.3
硫酸鈣礦泉水③	240（1杯）	133	30	39.9	2杯半
青花菜	120	59	61.3	36.3	2.7
白豆	150	154	21.8	33.6	2.9
碳酸氫鈣礦泉水④	240（1杯）	72	45	32.4	3杯
硫酸鈣礦泉水⑤	240（1杯）	116	30	34.8	3杯
抱子甘藍	120	43	64	28	3.4
甘藍菜	120	37	65	24	4

①：切達乳酪之類；②：聖佛士（Sanfaustino）之類；③：赫帕之類；④：艾薇（Arvie）之類；⑤：礦翠之類

從哈佛大學公共衛生學院的建議：「只要每天攝取一到二份優質鈣質來源」，其中包括了蔬菜、水果、水、沙丁魚，甚至乳製品。如此一來，大概就能滿足鈣質需求了，你只要遵守接下來我要詳細說明的幾個優化飲食原則。

鉀跟氯化鈉

鉀有助身體的酸鹼平衡，中和慢性酸化現象，維持骨質密度。碳酸氫鉀補充劑可以阻止鈣從尿液中排出，因爲它可以重新平衡酸鹼，保住骨骼鈣質，因此改善更年期婦女與骨質疏鬆症患者的骨質。

相反的，氯化鈉（注：食鹽）則會促使鈣質流失。

我們農業時代前的祖先每天攝取將近八克的鉀，不到一克的氯化鈉，對骨骼健康而言可說是最佳狀態。今天我們每天只食用二到二．五克的鉀，而氯化鈉則高達八到十克。

在《怎麼吃最健康》一書裡，將人體需要的鉀量定在每天至少四．五克，並且建議不要超過三到四克的氯化鈉。

如果大量食用豆類、塊莖類、番茄、葉菜類（包括朝鮮薊）、香蕉跟魚類，避免調理食品（通常含有太多鹽），少量用鹽的話，就可以達到這個目標。在《怎麼吃最健康》一書中，也鼓勵大家每天吃五到十二份的蔬菜水果。

除了這個飲食法以外，也可以每天攝取五百到二千毫克的碳酸氫鉀補充劑，不過如果長期服用的話，每天不要超過三千毫克。

對骨骼有益的蔬菜

洋蔥、生菜和香料植物中的鹼性成分，可以緩和老鼠的骨骼破壞㉓。這個假設也拿來測試過小茴香、芹菜、柳橙、李子乾、四季豆、洋菇，甚至紅酒㉔。主持這些實驗的瑞士學者在報告中指出，根據這個實驗模式，脫脂牛奶反而完全沒有作用；不過這些實驗的對象是動物，在人類身上不見得會有相同的結果。

同樣的，大豆跟其中的植物性雌激素也對動物產生有趣的作用，但是以人類爲對象的實驗結果就比較難解讀了。最近的一個分析則認爲，攝取大豆可稍稍加強脊椎骨。

蛋白質

蛋白質含量豐富的飲食會加速鈣質流失，增加膳食鈣質的需求：每食用一克額外的蛋白質，必須補充五到六毫克的鈣質才能平衡損失，尤其在食用肉類跟乳類蛋白質的情況下，穀物類蛋白質因爲含有大量的含硫胺基酸，使身體組織酸化，也會造成鈣質流失。除了核桃跟種子以外，其他非穀物性蛋白質含硫胺基酸比較少。

飲食中由蛋白質帶來的熱量，合理的比例爲百分之十五到三十，而且要有一半屬於植物性蛋白質，《怎麼吃最健康》一書建議這一半的植物性蛋白質裡，至少百分之五十要來自蔬菜、豆類、塊莖類、水果、堅果、米跟油料植物，另外一半則由穀物類（小麥、大麥、燕麥、裸麥……）補足。在法國，大約百分之六十五的植物性蛋白質，都來自小麥跟其他麥類。

在《怎麼吃最健康》裡，我們建議以下的蛋白質攝取比例分配：

- 穀物類：每天〇到六份；
- 魚類：每星期三到四份；
- 蛋：每星期二到五個；
- 肉類：每星期〇到四份；
- 肉類加工品：每星期〇到三份。

甜食與精製穀物

白麵包、麵包乾、酥皮點心、蛋糕、白米以及甜食都會提高血糖濃度，沒有體力活動的人如果經常大量食用的話，體重超重、肥胖症、糖尿病、心血管疾病及癌症的風險將大大提高。我們也認爲這些食物會讓兒童易患近視，對成人則會引起視網膜黃斑退化；尤其高血糖對造骨細胞會造成損害。

基於以上種種理由，我建議最好以低升糖指數的飲食爲主，這類飲食法在本出版社裡有兩本著作：《IG苗條飲食法》與《IG糖尿病飲食法》（*Le régime IG diabète*）。

脂肪

脂肪的品質比「量」更重要。科羅拉多大學的羅倫・科丹（Loren Cordain）教授認爲，早期人類的飲食可能含有極少的飽和脂肪，但是卻有豐富的單元不飽和脂肪和多元不飽和脂肪。兩大類多元不飽和脂肪 omega-6、omega-3 在當時的比例，應該在三比一到二比一之間。我們的基因對這個比例適應良好，讓多種代謝功能保持順暢，更可以降低發炎率。另外，也有些研究認爲骨質疏鬆症裡存在炎症因子，維持膳食中 omaga-6 跟 omega-3 的平衡可以保持骨質健康。

不幸的是，現代飲食中這兩類脂肪的比例與數量都相當失衡：太多引起發炎的omega-6（穀物、葵花油、玉米油、以穀物餵食的動物肉類），太少omega-3（綠色蔬菜、核桃、菜籽油、油性魚類）。

《怎麼吃最健康》建議的油脂攝取比例如下：

- 飽和性動物脂肪占總熱量的百分之九到十一，限制攝取量卻不需要完全屏棄。因此可以繼續吃一點奶油（建議塗麵包，而不是料理用），一點乳酪跟肉類加工製品。對於每天攝取一千八百卡路里的女性以及二千四百卡路里的男性而言，分別是二十克跟二十七克。
- 單元不飽和脂肪大約是每天食用脂肪量的一半。這類脂肪大概可以橄欖油與酪梨爲代表，占每天總熱量的百分之十四到二十。一個每天攝取一千八百卡路里的女性以及二千四百卡路里的男性，分別攝取三十四克跟四十五克單元不飽和脂肪。
- 多元不飽和脂肪占總熱量的百分之四．五到六．五，也就是每日食用脂肪量的六分之一，對於一個每天攝取二千四百卡路里的男性而言約是十五克（女性則是十一克）。omega-6可占總熱量的百分之三到五，其中平均百分之三．六來自亞油酸

（Linoleic acid），是這個類別裡的大家長，譬如葵花油裡的主要成分就是亞油酸。至於omega-3，我們則建議占總熱量的百分之一．四到一．八。

預防骨質疏鬆症的飲食法

以上建議都來自《怎麼吃最健康》一書，書中詳細介紹尊崇代謝平衡的營養建議，特別是影響骨質健康的部分。這些營養建議可以用一個金字塔來表示，塔底爲建議常常攝取的食物，越往上就越不建議常攝取。

塔底的食物類別有蔬菜、升糖指數低的塊莖類、根莖類植物和豆科植物（例如黃豆）、新鮮水果和乾果，這些食物應該是每天大部分的卡路里來源，建議每天攝取五到十二份。

金字塔的第一層由麵食、米飯、全麥或半全麥麵包，以及餅乾組成，都是升糖指數低或中度的碳水化合物類食物；合理的攝取量爲每天〇到六份。

金字塔的第二層是符合脂肪酸平衡的添加脂肪：調味用的菜籽油、橄欖油以及菜籽油瑪琪琳、烹煮用橄欖油，另外有必要時也可以用鵝油。最好購買有機的初榨油。油料植物也屬於這一層。每天建議攝取二到六份。

《怎麼吃最健康》的飲食金字塔

金字塔的第三層是乳製品：優格、牛奶、奶油和乳酪。跟目前官方及所有營養專家建議的每天三到四份相比，我們建議減低這些食物的攝取量，最多每天○到二份。

乳製品預防骨質疏鬆症的說法絕對無法證實，況且還被懷疑在大量攝取的情況下，可能會促使癌症、心血管疾病、帕金森氏症或是自體免疫疾病發展。如果你喜歡而且能夠消化乳製品，當然可以繼續食用，特別是乳酪跟優格；至於無法消化的人則不需要強迫自己。

金字塔的第四層是魚類及海鮮，每週建議攝取三到四份。魚可以用油或不用油烹調，要知道油脂含量豐富的魚類、貝類和甲殼類含有長鏈omega-3脂肪酸。

金字塔的第五層是蛋，每週可以食用二到五個，最好選擇有機或含有豐富omega-3的蛋。

金字塔第六層有肉類跟家禽。紅肉適合需要補充鐵質的兒童以及十五歲到五十歲的女性食用，每週建議攝取量為一到二份；對於男性而言，紅肉不是必要（每週〇到二份）。家禽則可以補足每週需要的蛋白質，建議每週攝取〇到三份。

金字塔的頂端為一些偶爾攝取的食物，每週攝取〇到三份：

- 白麵包（傳統法國麵包）、玉米片、白米、馬鈴薯、糖果、加工蛋糕、奶油甜麵包、汽水等升糖指數高的食物。
- 肉類加工品，經常食用將提高消化系統癌症的罹患風險。

除了金字塔內的食物，我們還建議食用：

- 每餐都食用辛香料。
- 每天飲用一．五公升到二公升的水，可能的話最好過濾掉農藥以及氯化的副產品。

- 喝酒的人可以喝一點紅酒，女性每天〇到二杯，男性〇到三杯。
- 茶或花草茶（每天二到五杯）。
- 每天最多二十克的黑巧克力。
- 每天一顆含有《營養》網站建議營養素百分之五十到百分之百的礦物質——維生素補充錠（不含鐵、銅、錳和氟）。
- 居住於北緯四十二度（庇里牛斯山的緯度）以上日曬不足地區的人，建議補充維生素D，在十一月到三月間每天攝取八百到一千國際單位。

如果想要更詳細的資料，請參考《怎麼吃最健康》一書。

〈附錄一〉
問答

問：您建議讀者減少乳製品攝取，為什麼不乾脆建議他們不要攝取？

答：乳製品在我們的飲食環境跟文化上都占有一席之位，只要身體能消化並且有節制的攝取的話，應不至於導致健康問題。這樣我們就可以繼續享受自製優格或手工乳酪的美味了。

問：我讀到乳製品會刺激乳癌發展，請問到底是不是真的？

答：目前無法肯定。研究指出牛奶似乎是引發動物乳房腫瘤發展的因子。但是群體的流行病學研究並沒有相同的結論。近年的一個法國研究「補充維生素、礦物質、抗氧化劑研究」甚至還發現乳品有保護作用。所以現今並沒有證據顯示攝取乳製品會提高罹患乳癌的機率。

問：牛奶裡到底是什麼成分有問題？

答：引發過敏或無法被消化的蛋白質、大部分人都無法消化的乳糖、過多鈣質（如果沒有大量補充維生素D的話）、一種叫做IGF-1的成長因子可能會助長某些癌症，還有荷爾蒙跟農藥……

問：我兩年前被診斷出有前列腺癌，是因為我一直都在喝牛奶的關係嗎？

答：前列腺癌有好幾個緣由，而牛奶本身並不是致癌因子，只是它會刺激腫瘤生長，您的情況可能是乳製品引發了潛在的癌症因子，不過沒有人能肯定。

問：請問您對賽納雷飲食法，也就是在自體免疫疾病狀況下，杜絕乳製品與穀蛋白的做法有什麼意見？

答：這個飲食法有很好的生物基礎，不管是建議的醫生、營養師還是實行的病患都認爲病情有重要的改善。但是對科學界來說則缺乏一個嚴謹的臨床實驗來證實它的功效。

問：除了前列腺癌以外，乳製品是否也會引發其他癌症？

答：最近的流行病學研究顯示，乳製品的攝取可能跟非霍奇金淋巴瘤（non-Hodgkin lymphomas）的罹患率有關聯，這是一種惡性淋巴瘤；不過情況還不是很清楚，似乎是使用農藥的農人特別容易罹患這種疾病。

問：乳製品會增加心肌梗塞機率嗎？

答：照流行病學研究的結果來看，這個關係並不明朗。但是當我們比較不同國家的乳品消費時，就會浮現這個假設：根據不同的乳品會有不同的負面作用；牛奶含有很多不同的蛋白質，其中四種屬於酪蛋白，酪蛋白中最常見的是A1跟A2。

根據紐西蘭學者柯蘭．麥克拉克倫（Corran McLachlan）在二〇〇一年對十六個國家的分析研究（法國在當時的消費量還不大），攝取最多A1酪蛋白的國家，心血管疾病的患病率也比較高。二〇〇三年，兩名學者在研究十九個國家人民的死因時又出現相同的關聯。這個假設在紐西蘭及澳洲非常普遍，現在這兩個國家的消費者已經可以找到A1含量低的牛奶（命名爲A2牛奶）。所以這可以說是相當耐人尋味的有趣假設，不過並沒有受到足夠的證據證實。

問：我女兒有粉刺，而她每天喝一公升牛奶，請問兩者有關聯嗎？

答：二〇〇八年一月的確有美國學者將脫脂奶品跟粉刺畫上連結，他們認爲脫脂牛奶裡含有足夠分量的荷爾蒙或影響身體激素的成分，會對飲用者造成生理上的影響，這條線索還需要繼續追蹤。

問：山羊或綿羊的奶比牛奶好嗎？

答：我只專注於牛奶的問題，因為科學實驗都以牛奶為對象，至於羊奶則缺乏科學數據。

這些動物乳品跟牛奶一樣，都含有豐富的鈣質（綿羊奶甚至多了百分之五十）跟成長因子，然而因為羊的體積比較小，而且也沒有像乳牛一樣做過度的基因篩選，可以想像在羊奶中成長因子的含量會比牛奶少，這也許是個好處。

乳糖方面，羊奶跟牛奶的含量幾乎一樣多，所以不耐症狀應該是類似的。山羊奶中過敏原 α-S1 酪蛋白含量極少，不過另一個過敏原 β 乳球蛋白則跟牛奶一樣多。

研究顯示，食用羊奶的兒童過敏現象並沒有比食用牛奶的兒童少，不過許多母親堅信寶寶比較能接受羊奶，也許除了科學數據以外，也應該聽聽媽媽們的意見。

總結來說，我認為如果以同樣的分量攝取羊乳製品的話，本書描述的每天攝取三到四份牛奶製品的潛在問題也極有可能會出現。

不過我要再次重申，對於那些可以耐受乳糖又沒有過敏的人來說，每天一到二份乳製品是沒什麼問題的，我不贊同的是過量食用。

問：是不是需要選擇有機乳品？

答：乳製品有可能含有相當濃度的農藥跟其他親脂肪的有毒物質，大量乳製品食用者中罹患帕金森氏症的比率相當高，可能就是這些成分的關係。基於以上原因，也許有機乳品是較好的選擇。不過到目前爲止的研究顯示，有機牛奶中的農藥殘留量並沒有比其他牛奶少，倒是omega-3脂肪酸的濃度比較高。

問：乳品工業強調很多乳製品裡添加了維生素D，這不是很好嗎？

答：維生素D對人體來說的確是很棒的養分，尤其是在缺乏陽光、人體無法自行合成的冬日。可惜的是，添加在乳品裡的維生素D，對於人體裡維生素D的含量起不了任何作用，因爲添加的量是以法國建議攝取量爲基準設計，而後者的不足衆所周知。在乳製品中添加維生素D主要是有益行銷。

問：那要如何從牛奶以外的來源攝取鈣質呢？

答：除了一小部分人口外，在法國並沒有鈣質危機。這只是乳品遊說集團跟旗下的營養專家危言聳聽。當我們攝取大量的鉀（蔬菜與水果）時，有助於將鈣質留在體內，鈣質需求量就不會那麼高了。如果每天注意攝取一到兩樣優質鈣質來源的食品（譬如說，一份乳製品），是很容易就能從食物中取得鈣質的。

問：學校的老師是否有權強迫小孩喝牛奶？

答：絕對沒有，而且從小開始喝牛奶有可能會引發嚴重的疾病，對高風險群的兒童來說可能會引發第一型糖尿病。父母如果反對的話，應該要求學校不要給小孩喝牛奶。

問：請問您對人工配方奶有什麼看法？

答：人工配方奶有很多問題，其中兩個是：含有太多蛋白質，可能引起肥胖症；此外，鐵跟維生素C加熱後產生的糖化終產物，是種抗營養因子。

問：懷孕期間是否應食用乳品？

答：我們幾年前就知道不需要在孕期中猛補充鈣質，飲食還是一樣，沒有必要禁止乳製品，只是不要過量食用。因為乳品中含有成長因子，如果在孕期中大量食用的話，大概會影響胎兒尺寸：更高、更壯、更重，而我們不清楚在成人之後會有哪些影響。

問：我正值更年期，醫生鼓勵我多吃乳製品預防骨質疏鬆症，您的看法如何？

答：這個方法對於預防骨質疏鬆症無效。我並不建議禁食乳製品，不過如果不喜歡的話，實在沒理由吃它。多吃含有維生素C與K以及其他有益養分的植物性食物，也就是鹼性飲食（鉀鹽），似乎比較能確保骨骼的健康。另外也要注意維生素D的攝取，並且適當運動。

問：我從小就對牛奶過敏，似乎是無法消化乳糖，所以我從來不吃乳製品，這是不是表示我可以活比較久？

答：沖繩飲食法是世界上最能保證長壽的方法，在這個飲食法裡就不含乳製品。也許您無法活到一百歲，但是不吃乳製品完全不是問題，沖繩飲食包括大量的蔬菜水果、植物跟茶，整體來說是種低卡路里飲食。

問：要給孩子們吃什麼才好？

答：如果家族中沒有第一型糖尿病患者，可以給他們喝配方奶，但是不要太早，最好是六個月大以後，然後觀察有沒有吐奶或過敏的反應，如果沒問題的話，可以接著讓他們接觸少量其他乳製品（每天不超過二份）。

如果小孩沒辦法接受傳統配方奶，可以考慮用水解蛋白配方奶，或者轉向植物性配方奶，像是豆奶（還是要小心對豆奶過敏）。

問：法國跟其他國家比起來，牛奶的消費量如何呢？

答：法國是個乳品生產大國，在歐洲算是平均消費量高的國家，不過英語系國家跟北歐國家還排在我們之前。

問：其他國家也有牛奶爭議嗎？

答：所有國家都有，其中包括美國、英國、北歐、希臘、澳洲，就連在中國也有一樣的爭議，《牛奶、謊言與內幕》也將在中國出版。獨立的研究單位在各地拉著警報，但是相關的經濟利益實在太龐大了。

問：照您看來，牛奶問題會不會是下一個健康界大醜聞？

答：我認爲在食品界，牛奶的確是個醜聞，因爲所謂的營養資訊其實純粹是宣傳廣告，而且乳品工業還用這些錯誤資訊來毒害醫療界跟營養界。

問：有沒有人對您施壓？

答：不完全是施壓，由於廣告的壓力，我的訊息變得很難進入媒體高視聽率時段。已經有數不清的電視節目收回邀請，有時還在錄影前幾小時才通知，不過還是有很多勇敢的記者跟製作人願意給我機會，因爲他們的緣故，不止法國同胞，也有越來越多的比利時人、瑞士人跟加拿大人了解到，他們其實一直受乳品工業的傳教影響。

問：繼牛奶之後，您會不會以其他東西為目標？

答：我成立的獨立出版社開放給所有走在時代前端的學者跟醫生投稿，可說是一種改革運動。我支持所有科學的、客觀的、嚴謹的、不受製藥公司跟食品工業經濟壓力操縱的言論。

〈附錄二〉

回應乳品工業及其擁護者的抨擊

本書第一版出版後引起不少回響，特別是來自乳品工業以及眾多忠實的乳品之友。舉個例子，本書出版後一個月，聚集了農產公司、科學家、政治人物跟地方機構的布列塔尼農產食品研究研究中心（Valorial）發行的《營養健康》（*Nutrition santé*）通訊，在二〇〇七年四月號中提出「有關乳製品的風險與益處」做爲辯論議題。

美其名說是辯論，其實是讓前國家農業研究院研究員暨法國國民鈣質建議報告書的作者雷翁．蓋艮來批判本書的論點。蓋艮是以「鈣質營養專家」的身分接受訪談，但是訪談中並沒有提及他也是康地亞公司科學委員會的忠實成員——現在我來彌補這個遺漏。

我蒐集了包括這之後蓋艮先生對我的攻擊論點，在下面做出回答，也許內容會牽涉到一些科學用語……

「蒂埃里．蘇卡在書中大幅引用了哈佛大學一組研究人員的報告，可見兩者的關係非常密切，但是卻對世界上其他地方的研究一無所知，尤其是法國的研究。」

在我援引的二百五十個研究中，哈佛的研究只占了一部分，不過這組研究人員的出現率確實極高，但這再正常不過了，因爲哈佛的研究小組在一九九五到二〇〇五年間也是臨床醫學界引用率最高的研究單位。在所有被援引的學者名單中，第一名是哈佛流行病學系主任梅爾·史丹普佛（Meir Stampfer）教授：他的三百七十六篇文章一共被引用了三萬一千次；第二名就是哈佛營養學系主任魏勒特教授：五百一十六篇文章總共被引用了三萬次；其他像第七名葛拉翰·寇帝茲（Graham Colditz）、第十一名瓊安·曼森（JoAnn Manson）、第十二名保羅·瑞德克（Paul Ridker）跟第十六名法蘭克·史派哲（Frank Speizer）也都是哈佛的學者。

若以總數而言，在一九九五到二〇〇五年間，哈佛的研究的確是全世界科學界引用最多次的。所以最近這些年在科學期刊發表占最多數的哈佛大學研究會出現在我的書裡，對於我的讀者來說與其說是理所當然，毋寧說是令人安心。至於出現率極低的法國研究，應該要怪罪法國研究本身在這個議題裡幾乎完全缺席。

「蘇卡提到人類在沒有牛奶的情況下已經生活了很久的時間，完全沒有骨骼問題，所以人體生理上並不能適應高鈣質；然而史前時代的人類每天攝取一千五百毫克的鈣質。」

我寫的是，人體在生理上不能適應大量乳品鈣質。在舊石器時代，大部分的鈣質來源都是植物，有必要區分乳品鈣質跟其他來源的鈣質（水或植物），而且科學家們也開始做這種區別了。所以前列腺癌的引發因子的確是乳品鈣質的攝取，至於其他來源鈣質的攝取似乎並不會造成問題。

「蘇卡講到骨質疏鬆症的時候，將北歐人的骨折率跟亞洲人相比，問題是這兩個組群之間的生活方式跟遺傳因子都有太大的差別，無法相比。」

所以我不止做了這個比較，還比較了香港與中國大陸兩地華人的股骨頸骨折率：這兩個族群都屬於同一個民族，留在中國大陸的中國人極少股骨頸骨折，而香港人在西方生活形態影響之下，股骨頸骨折率則不斷升高，一直到跟西方國家比率相近，這一切都多虧了大量的乳製品。

「我們不能拿西方的股骨頸骨折率跟亞洲相比，因為亞洲女性比較早逝：還來不及患骨質疏鬆症。」

我在書中引用的數據是根據同齡人口的比較，所以完全是可以比較的。況且最長壽的民族是日本人，更確切的說是沖繩島民，沖繩島的百歲人瑞有足夠的時間讓股骨頸骨折，只不過她們很少骨折，而且她們也不吃乳製品。

「北歐國家人民的身高可以解釋他們的高骨折率。」

也許吧，不過爲什麼北歐人民會特別高？難道不是因爲他們攝取大量乳製品的關係嗎？

「北歐國家因為缺少陽光，人民缺乏維生素D，所以骨折率才會那麼高。」

這也是一種可能。所以我才不止以北歐國家爲例子，在陽光充足的希臘，骨折率跟乳製品攝取量同步上升；在陽光充足的澳洲北部，股骨頸骨折率也一樣高。

「非洲的馬賽族、富拉人跟蒙古人也以乳製品為主要飲食，但是他們就沒有什麼骨折？」

我們並不清楚馬賽人跟富拉人骨質疏鬆症的罹患率，但是對不起，在蒙古的烏蘭巴托股骨頸骨折率比鄰近的中國要高出許多。

「蘇卡只引用那些對他的論點有利的研究。」

不對，我跟乳品工業召開的會議又或是門克斯醫生在醫學協會舉辦的演講不一樣，門克斯醫生只引述了幾個認爲乳製品有益的研究，卻完全不提其他的研究。我則在書裡把所有有關這個主題的整合分析研究結果都寫出來了，也就是說，有時會出現互相矛盾的趨勢分析。

「這本書連骨質密度的重要性都要質疑！」

沒錯，而且我也不是唯一有所質疑的人。三十年來乳品工業都躲在骨質密度這個論點背後，卻完全不用證明他們的產品眞的能降低骨折率，未免太輕鬆了。從今以後他們得加把勁（請見八二頁「衝向骨質疏鬆症！」一節）。

「再怎麼說骨質密度測量也是個衡量骨質疏鬆症的公認指標，連社會保險都開始給付了！」

骨質密度測量對個人疾病的預測性並沒有共識，而且從二〇〇六年七月三日起社會保險局才開始給付給一些特別嚴重的病例（骨質疏鬆症狀跟骨折風險確認病患），完全不是在全民篩檢的情況下給付。（注：在台灣，如果您屬於：內分泌失調可能加速骨質流失者（限副甲狀腺機能過高須接受治療者、腎上腺皮質過高者、腦下垂體機能不全影響鈣代謝者、甲狀腺機能亢進症者、醫源性庫欣氏症候群者）、非創傷性之骨折者、五十歲以上婦女或停經後婦女接受骨質疏鬆症追蹤治療者、接受男性賀爾蒙阻斷劑治療前與治療後的攝護腺癌病患，得因病情需要施行骨質密度檢查。前述保險對象因病情需要再次施行骨質密度測量檢查時，間隔時間應爲一年以上，且該項檢查以三次爲限（一生三次）。篩檢性檢查不列入健保給付範圍。）

「蘇卡援引了一些流行病學研究，但是這種研究無法偵測出乳製品的益處，只有在介入性研究，也就是比較鈣質或乳品補充與否的兩組結果之後，才能下結論。」

蓋艮在訪談中提出這個論點，我可以理解一個一生都在頌揚乳製品的學者，看到他一心維護的美麗童話被一些無懈可擊的科學實驗結果戳破，內心有多混亂。對於蓋艮先生來說，如果這些研究證明乳製品無法預防骨折發生，那並不表示乳品一無是處，而是那些研究有誤！

首先，我不止引述了流行病學研究，也引述含括了介入性研究的整合分析，以及單獨的介入性研究。

其次，蓋艮先生主張在營養學上只有介入性研究才足以取信，眞是一大疏忽，他應該知道介入性研究只能是短期研究，最長也只能爲期數年，而且每次只能測驗一個假設。譬如說，在鈣質相關研究上必須界定某種特定形態的鈣質，以特定數量針對特定人口來實驗。所以擁有豐富營養學研究經驗的蓋艮先生應該清楚，只有流行病學研究才有辦法從長達數十年的數據裡彙整出一個趨勢，而以這個趨勢爲基礎，加上現有的介入性研究結果，才能確認一個信念。

加州柏克萊大學的葛萊蒂絲・布洛克（Gladys Block）教授是世界公認的營養學權威。以下就是她對蓋艮先生鍾愛的介入性研究的看法：「某些學者認爲有關飲食因素對健康影響的假設，只有臨床實驗才是唯一測試的『黃金定律』。他們跟衛生主管當局主張，在假設未經臨床實驗證實之前，都該先避免發表所有科學論點跟有關健康的指控。我則認爲大多數對大眾健康有深遠影響的假設（……），不止不適合臨床實驗，而且常常無法進行實驗。（……）只有用嚴謹的流行病學方法來分析實驗室得到的數據才能接近答案。（……）對於眾多營養成分是否可以預防長期醞釀造成的疾病，只有善用整合方式才能找到答案。」

爲了蓋艮先生我們來假設一下，如果只有介入性研究才值得信任，由它來界定大量攝取乳品鈣質是否能減少骨骼疏鬆性骨折的話，那麼這些介入性研究又得到什麼結論呢？請參考本書八七頁。

「為了補足經由糞便、尿液跟汗液排出的內源性鈣質流失，平均每天必須攝取七百毫克的鈣質，如果要確保成長中的骨骼礦化的話就需要更多，這是基本認知！」

這又是蓋艮先生提出的一個論點，將他爲法國國民鈣質攝取建議量的計算法帶入討論，他使用的方法叫做「階乘計算法」。這個方法把經由糞便、尿液跟汗液排出的鈣質相加，稱之爲「不可壓縮」的流失，然後經由膳食鈣質平均吸收比例這個系數，來計算應該由膳食攝取多少鈣質才能平衡流失。蓋艮先生計算出成人平均每天內源性「不可壓縮的」鈣質流失爲至少二百六十毫克，因爲他認爲膳食鈣質中有百分之三十五到四十被人體吸收，於是得到每天平均需求爲七百毫克的數字。他聲稱「當今沒有任何理論可以反駁這個平均需求數字」。

也許沒有任何理論可以反駁這個數字，不過他的朋友西尼（也是乳品工業的旗手）卻不同意：「這個計算法的缺點，是內源性鈣質流失並不是穩定的數字，而是與攝取的鈣質量相關。糞便與尿液中排出的鈣質量其實是隨著鈣質攝取量而變化，如果沒有界定某個特定攝取量的話，『平均』流失量就毫無意義。所以用階乘計算法來計算鈣質需求量，並不能解決問題235。」

「乳品鈣質的吸受率比較高。」

錯。請見二四八頁「最高營養機密」。

「不吃乳製品的話，根本不可能獲得足夠的鈣質。」

錯。請見第十六章。

「蘇卡聲稱造骨細胞的前導細胞數量有限，這是錯誤的，永遠都有足夠的造骨細胞可以修護骨骼。」

學者將骨質疏鬆症，特別是第二型，歸咎於造骨細胞無法再生，我已經在第七章中引述了大量科學資料跟此專業的知名學者。

「蘇卡批評官方鼓勵每天三到四份乳製品的建議，而他自己並不反對攝取乳製品，只是毫無理由的建議每天不要超過二份。說到底，其實跟官方建議也沒有多大的差異。」

爲什麼不要超過二份？因爲許多研究顯示，那些攝取三份或三份以上乳製品的人罹患某些疾病的風險提高了。

我的確並不反對攝食乳製品，但是跟官方建議相反，我認爲可以完全捨棄乳製品，向七百萬年來地球上大部分的居民看齊。在可以消化並且喜歡乳製品的情況下，當然可以食用。

〈附錄三〉

二〇〇八年四月二日：醫學協會歷史性的院會

——由羅拔律師記錄

醫學與農業協會全力支持乳製品，論點跟方式有時令人傻眼，以下是二〇〇八年四月二日會議的直擊證詞。

蘇卡先生跟其他新聞同業一樣，由二〇〇八年三月二十七日的新聞稿得知，將在二〇〇八年四月二日舉辦一場有關乳製品的記者會，之後並且舉行醫學與農業協會的共同會議。蘇卡先生也收到邀請函，以下是邀請函內容：

「牛奶、健康與營養：摒棄牛奶與乳製品是否不智？」主題之後，接著提醒大家「百分之九十五的法國人都食用乳製品……」，而且「……牛奶的毒性以及害處被過分誇大渲染，而它的營養價值則被刻意忽略。這個議題事關國民健康，首先我們得預防兒童在成年之後的骨質疏鬆症跟與之相關的骨折危機。」

所以，沒有牛奶的話我們都會馬上癱瘓，主題已經明確表示出來，所謂的辯論看來缺乏反向的論點質詢。

蘇卡先生太晚得到消息，當天無法趕到巴黎，他於是也發布了一篇新聞稿：「很遺憾我無法參加這場記者會，其實光是題目就昭告了會議的內容：只有支持牛奶的言論。

「對於乳品在預防骨質疏鬆性骨折中所扮演的角色，我會很樂意到場發表到目前為止所有研究得到的共識：就是除了由乳品工業資助的研究之外，沒有任何整合分析研究肯定乳品在這方面的益處。這場記者會的主講者看來是打算宣布乳製品對骨骼健康不可或缺，這種做法完全藐視科學，戲弄群眾，而且是不折不扣的假情報。

「況且，如同我從二〇〇四開始年發表的，世界癌症研究基金會最近也證實，遵循官方建議乳製品食用量（每天三到四份）會增加前列腺癌的罹患風險。而且不幸的是，其他疾病的風險也常常跟攝取乳製品相關。

「我們當然可以食用乳製品，但是要適可而止，而且不用寄望可以預防骨折，就這點而言，這種只宣揚乳品工業單方觀點的記者會，實在不值得記者朋友們報導，我願意提各位所有在專業期刊上發表的客觀科學證據，做爲這個純粹是宣傳手段的記者會的反面證詞。」

新聞稿之戰

第二天，兩個協會的回覆如下：

「跟蘇卡先生指控的有所不同，『牛奶與健康』的議題不僅局限於他想引發的論戰，這也是促使我們舉辦這個會議的動力，因爲事關國民健康。我們認爲科學應該引發辯論，而不是誹謗。我們對於蘇卡先生拒絕藉著這個記者會表達意見感到遺憾。我們認爲將這個議題完整呈現給大眾是很重要的。這也是這個會議的目標。」

順帶一提，這個新聞稿雖然是在回應蘇卡先生的評論，但是卻寄給了九十位記者，獨獨沒有寄給蘇卡本人，而是由記者同仁轉寄。

蘇卡在另一個新的新聞稿中回應：「這個會議的主講人都站在親乳品立場，負責說服與會人士乳品對骨骼的益處的，則是一位由乳品工業資助的醫生。」

接下來新聞稿引述了本書提及的一些主張：「即使大量飲用牛奶，也沒讓骨折減少」的研究概要，然後我也借這份新的新聞稿提醒各位，根據二〇〇二年三月四日的病患權利法（公共衛生法L.4113-13）：「醫療專業人員如果與製造或販賣健康商品（牛奶）企業有關聯，或者屬於乳製品委員會等組織，在公共場合表達意見時必須告知這些關聯。」

同樣在這份新聞稿裡，蘇卡最後的結論是「有關公共衛生事務，醫生、記者跟大眾都有權要求這些協會舉辦眞正的、正反意見互相激盪的辯論會，而不是這種有預設立場的會議。在獲知二〇〇七年乳品業經濟收益下降了百分之七時，不得不讓人懷疑這個會議的眞正目的。」

蘇卡並沒有出席，但是他注意到可以「藉著這個機會表達意見」，於是他請求醫學協會在會議中公開他在新聞稿中引用的科學資料，並且讓記者同業們做見證。

醫學協會的回答如下：「我們對您的缺席深感遺憾，然而本協會只發表經過會內表決的文件，您還是自己來做宣傳吧。」

不過蘇卡跟乳品工業不同的是：他沒什麼要賣的商品。

醫學協會

我就是在這種情況下決定要到醫學協會參加這個會議。

我必須承認我不是眞的很驚訝，也不需要是預言家就能看出所有演說示範都往同一個方向進行——爲乳製品平反名聲。這些大家「一生的好朋友」在二〇〇七年的消費數字下降了百分之七，眞是有點灰頭土臉。讓我們來看看到底當天說了些什麼吧。

一位任職於國家乳品經濟同業中心的演講人先是發表一個誠實而完整的報告，承認乳製品的總消費量的確下降了，雖然所謂的超鮮產品大熱賣，也不能挽回這個整體趨勢。怎麼解釋消費下降呢？有好幾個原因，其中一個跟不吃早餐有關（越來越多人因爲沒時間而跳過早餐），另一個原因是午餐內容的更動，有名的法國乳酪盤已經不是必要角色了。

她也指出因爲一些書跟文章出版之後，關於牛奶的謠言到處流傳，也影響到乳品消費，百分之十六的法國人聲稱聽說過牛奶是危險產品。她表示「牛奶對於人體之必要」這個觀念已非牢不可破。總之，這個報告告訴我們自從弗朗斯時代以來，牛奶神聖不可侵犯的高貴形象已經受到損害。

接下來輪到小兒科醫生尙－方思瓦・杜艾梅勒（Jean-Françoir Duhamel）教授出場，他指出懷孕婦女跟成長中的兒童每天可以攝取一克的鈣質，令人稍稍安心的是，他也強調哺乳期應該以母奶爲主，對於新生兒來說，母奶還是最佳食品，況且人工配方奶就是以母乳爲範本來調配的。

何內・利索里（René Rizzoli）醫生在列舉兒童骨質量經年的發展之後，做出以下結論：牛奶對於周邊與中央骨骼成長有正面的影響。（但是相對的骨折風險呢？）

剝奪發言權

門克斯醫生在他的演說中提到了本書，這本書對醫學協會跟乳品同業協會來說顯然造成了重大傷害……他還說本書相當令人「傷腦筋」，因爲書中引用了科學數據，如果我們想衡量牛奶對骨質疏鬆症的「益處」的話，就有點麻煩了。他解釋說，這些論點相當受大眾歡迎。門克斯醫生顯然並沒有讀過本書，因爲他指責蘇卡只引用對他有利的研究（這當然不是事實），然後自己開始介紹一小部分結果對乳製品有利的研究，其中至少有一份研究是由乳品工業贊助，然後他下結論說牛奶眞的對骨骼很有益處。

在這第二階段結束後，辯論開始，我嘗試突擊說出眞相，我把手舉得高高的，眼睛直視主席，周圍的人從我左邊那位開始，大家都輪流發言，但是在六次或七次嘗試之後，還是沒輪到我……眞是令人絕望的嘗試，我始終無法開口。接著很快就發表醫學協會的官方建議，而且不允許任何質疑跟提問，醫學協會說了算數。

儘管努力想要平反眞相，我對於被剝奪發言權相當震驚，於是我主動在這個高貴的組織裡找到一位祕書，向她表達我的不滿。祕書小姐問我是不是要提出告訴，我完全沒有這個打算，於是她帶我去見協會的常任祕書，後者建議我留下一份聲名書（見文末框內文），並且向我保證一定會在醫學協會中提出，並且讓門克斯醫生做出答覆。我們就等著瞧吧……。

醫學協會四月二日建議的乳品鈣質攝取量，特別是針對五十歲以上的婦女，是每天一．五克。難道要等到傷害造成，才來後悔爲時以晚嗎？

石棉的前車之鑒

記得數年前，當警鐘響起，可怕的後果漸漸浮現時，醫學協會對石棉仍然採取不可思議的態度。

多明尼克．貝勒彭（Dominique Belpomme）教授在二〇〇五年三月九日的參議院院會中提醒大家㉓⑥：

「石棉事件是個很好的教材，它會引發某些癌症，雖然以每年的病患數目來看並不算多，但是它的確是致使某些支氣管癌症發展的罪魁禍首。如果大多數的肺癌跟菸草有關，跟石棉相關的比例仍然不甚清楚。戈德堡教授（Goldberg）的估計是百分之十五，這個數字無法忽視：如果菸草是引起百分之二十五肺癌的元兇，那它就不是唯一的兇手。

「況且有關石棉的法規是花了一個世紀的時間才制定，政府單位跟科學家雙方都有責任。」

然後他又針對醫學協會說：「一九九六年……醫學協會認為石棉沒有什麼太大的危險性：雖然協會建議減少使用，但是並沒有主張禁止。關於我們今天的議題，科學界有無可迴避的重大責任，然而社會是個整體，也不能每次都只怪罪一群人。」

衛生主管單位堅持每天三到四份乳製品的建議攝取量，醫學協會也站在同一陣線。這些命令我們吃這吃那的政府單位跟科學家，還要花幾十年時間才會停止這種鴕鳥心態，正視科學研究結果，不再受食品工業左右嗎？

看來乳品工業的好日子還長得很哪！

羅拔律師對門克斯醫生的幾點質疑

一、世界衛生組織認為如果遵循官方建議的飲食方式（水果與蔬菜、少攝取動物性蛋白質跟鹽），每個成人每天只需要四百五十毫克鈣質，請問您對此有何解釋？

二、您聲稱蘇卡先生在他的書裡故意隱瞞跟他唱反調的研究，說他只引述整合分析研究，將不論是正面或反面的獨立研究之置不理，此為不實指控。

三、況且，二〇〇七年十二月由一組獨立研究單位進行的整合分析研究也肯定了蘇卡先生的論證。這個研究的結論是：「大量攝取鈣質並不會降低股骨頸骨折風險[237]。」

〈附錄四〉

參考書目

第一章　前牛奶愛用者的告白

1. NORAT T. *Dairy products and colorectal cancer. A review of possible mechanisms and epidemiological evidence.* Eur J Clin Nutr 2003;57(1):1-17.
2. CHO E. *Dairy foods, calcium, and colorectal cancer: a pooled analysis of 10 cohort studies.* J Natl Cancer Inst 2004 Jul 7;96(13):1015-22.
3. VAN DER POLS JC, BAIN C, GUNNELL D, SMITH GD, FROBISHER C, MARTIN RM. *Childhood dairy intake and adult cancer risk*: 65-y follow-up of the Boyd Orr cohort. Am J Clin Nutr. 2007 Dec;86(6):1722-9.
4. BINGHAM S. *The fibre-folate debate in colo-rectal cancer.* Proc Nutr Soc 2006;65(1):19-23.
5. AMERICAN SOCIETY FOR MICROBIOLOGY. *Probiotic microbes: the scientific basis.* American Academy of Microbiology, 2006.
6. ANON. *Probiotic veg sales in a pickle?* www.nutraingredients-usa.com, 9 Novembre 2006.

第三章　乳品業者如何讓你相信牛奶最好？

7. LAURIOUX B. *Manger au Moyen Age par Bruno Laurioux.* Hachette (Paris), 2001.
8. ATKINS P. *The milk in schools scheme, 1934-45: 'nationalization' and resistance.* History of Education 2005; 34 (1): 1-21.
9. GOOD HOUSEKEEPING'S BOOK OF GOOD MEALS. *Good Housekeeping* (New York), 1927 (p. 228-9).
10. NOURRISSON D (DIR). *A votre santé! Education et santé sous la IVe République.* Publications de l'Université de Saint-Etienne, 2002.
11. CALMON J-H. *Jean Raffarin et le monde paysan dans le gouvernement de Pierre Mendès France.* In : Franche D. et Léonard Y. *Pierre Mendès-France et la*

démocratie locale. Presses Universitaires de Rennes (Rennes), 2004.
12. Sénat, séance du 4 novembre 1997.

第五章　乳品業者如何說服你永遠都缺鈣？

13. KIEL D. *Can metacarpal cortical area predict the occurrence of hip fracture in women and men over 3 decades of follow-up? Results from the Framingham Osteoporosis Study.* J Bone Miner Res 2001;16 (12): 2260-2266.
14. HEANEY RP. *Calcium nutrition and bone health in the elderly.* Am J Clin Nutr 1982; 36: 986-1013.
15. HEANEY RP. *Nutritional factors in causation of osteoporosis.* Ann Chir Gynaecol. 1988; 77(5-6): 176-9.
16. ARNAUD CD, SANCHEZ SD. *The role of calcium in osteoporosis.* Annu Rev Nutr. 1990; 10:397-414. Review.
17. WELTEN DC. *A meta-analysis of the effect of calcium intake on bone mass in young and middle aged females and males.* J Nutr 1995; 125(11): 2802-13.
18. KARDINAAL AF. *Dietary calcium and bone density in adolescent girls and young women in Europe.* J Bone Miner Res 1999; 14(4): 583-592.
19. ASPRAY TJ. *Low bone mineral content is common but osteoporotic fractures are rare in elderly rural Gambian women.* J Bone Miner Res 1996; 11: 1019-1025.
20. TSAI KS. *Osteoporotic fracture rate, bone mineral density and bone metabolism in Taiwan.* J. Formosan Med Assoc 1997; 96: 802-805.
21. WAINWRIGHT S. *A large proportion of fractures in postmenopausal women occur with baseline bone mineral density T-score -2.5.* J Bone Miner Res 2001; 16S155.
22. VIGUET-CARRIN S. *The role of collagen in bone strength.* Osteoporosis Int 2006; 17:319-336.
23. WILKIN TJ. *Bone densitometry is not a good predictor of hip fracture.* BMJ 2001; 323: 795-797.
24. MEUNIER PJ. *Fluoride salts are no better at preventing new vertebral fractures than calcium-vitamin D in postmenopausal osteoporosis: the FAVO study.* Osteoporos Int 1998; 8:4-12.
25. CUMMINGS SR. *Improvement in spine bone density and reduction in risk of vertebral fractures during treatment with antiresorptive drugs.* Am J Med 2002;

112: 281-289.

26. ROBBINS J. *Factors associated with 5-year risk of hip fracture in postmenopausal women.* JAMA 2007; 298(20): 2389-2398.
27. KARLSSON MK. *Bone mineral normative data in Malmö, Sweden. Comparison with reference data and hip fracture incidence in other ethnic groups.* Acta Orthop Scand 1993; 64(2): 168-172.
28. NIEVES JW. *Calcium and vitamin D intake influence bone mass, but not short-term fracture risk in Caucasian postmenopausal women from the National Osteoporosis Risk Assessment* (NORA) study. 2008; 19(5): 673-9.

第六章　乳製品無法預防骨質疏鬆的證據

29. PRENTICE A. *Nutrition and Bone Health Research.* Medical Research Council Scientific Report 1998-2002.
30. MELTON LJ. *Secular trends in the incidence of hip fractures.* Calcif Tissue Int 1987; 41: 57-74.
31. FUJITA T. *Comparison of osteoporosis and calcium intake between Japan and the United States.* Proc Soc Exp Biol Med 1992; 200(2): 149-152.
32. BAUER RL. *Ethnic differences in hip fracture : a reduced incidence in Mexican Americans.* Am J Epidemiol 1988; 127(1): 145-149.
33. KESSENICH CR. *Osteoporosis and african-american women.* Womens Health Issues 2000; 10(6): 300-304.
34. MIJIYAWA MA. *Rheumatic diseases in hospital outpatients in Lome.* Rev Rhum Mal Osteoartic 1991; 58(5): 340-354.
35. BARSS P. *Fractured hips in rural Melanesians : a nonepidemic.* Trop Geogr 1985; 37(2): 156-159.
36. FRASSETTO LA. *Worldwide ncidence of hip fracture in elderly women : relation to consumption of animal and vegetable foods.* J Gerontology 2000; 55: 585-592.
37. JOINT FAO/WHO EXPERT CONSULTATION. *Human vitamin and mineral requirements.* World Health Organization, Rome (Italie), 2002.
38. GULBERG B. *Incidence of hip fractures in Malmö, Sweden.* Bone 1993; 14: S23-S29.
39. LAU EMC. Communication personnelle, Université chinoise de Hong Kong,

janvier 2007.
40. LAU EMC. *Hip fracture in Hong Kong over the last decade – a comparison with Britain.* J Public Health Med 1999; 21(3): 249-250.
41. LEUNG SSF. *The calcium absorption of Chinese children in relation to their intake.* Hong-Kong Medical Journal 1995; 1(1): 58-62.
42. LEUNG SSF. *Fat intake in Hong Kong Chinese children.* Am J Clin Nutr 2000; 72 (suppl): 1373-1378S.
43. NIH: *Osteoporosis in Asian-American women.* National Institutes of Health Osteoporosis and Related Bone Diseases, 2002.
44. PASPATI I. *Hip fracture epidemiology in Greece during 1977-1992.* Calcif Tissue Int 1998; 62(6): 542-547.
45. CUMMING RG, CUMMINGS SR, NEVITT MC, SCOTT J, ENSRUD KE, VOGT TM, FOX K. *Calcium intake and fracture risk: results from the study of osteoporotic fractures.* Am J Epidemiol. 1997 May 15; 145(10): 926-34.
46. KANIS JA. *The use of calcium in the management of osteoporosis.* Bone 1999; 24: 279–90
47. HEANEY RP. *Calcium, dairy products and osteoporosis.* J Am Coll Nutr. 2000 Apr; 19(2 Suppl): 83S-99S.
48. R.L. WEINSIER. *Dairy foods and bone health: examination of the evidence, American Journal of Clinical Nutrition, 2000*; 72: 681-689.
49. KANIS JA. *A meta-analysis of milk intake and fracture risk : low utility for case-finding.* Osteoporosis Int 2005; 16(7): 799-804.
50. SHEA B, WELLS G, CRANNEY A, ZYTARUK N, ROBINSON V, GRIFFITH L, HAMEL C, ORTIZ Z, PETERSON J, ADACHI J, TUGWELL P, GUYATT G, OSTEOPOROSIS METHODOLOGY GROUP, OSTEOPOROSIS RESEARCH ADVISORY GROUP. *Calcium supplementation on bone loss in postmenopausal women.* Cochrane Database Syst Rev. 2007 Jul 18; (1): CD004526. Review.
51. CHENG S. *Effects of calcium, dairy product, and vitamin D supplementation on bone mass accrual and body composition in 10-12-y-old girls: a 2-y randomized trial.* Am J Clin Nutr 2005; 82(5): 1115-1126.
52. BISCHOFF-FERRARI HA, DAWSON-HUGHES B, BARON JA, BURCKHARDT P, LI R, SPIEGELMAN D, SPECKER B, ORAV JE, WONG JB, STAEHELIN HB, O'REILLY E, KIEL DP, WILLETT WC. *Calcium intake and hip fracture risk in men and women: a meta-analysis of prospective cohort*

studies and randomized controlled trials. Am J Clin Nutr. 2007 Dec; 86(6): 1780-90.
53. JACKSON RD. *Calcium plus vitamin D supplementation and the risk of fractures.* N Engl J Med 2006; 354: 669-683.
54. LANOU AJ, BERKOW SE, BARNARD ND. *Calcium, dairy products, and bone health in children and young adults: a reevaluation of the evidence.* Pediatrics. 2005 Mar; 115(3):7 36-43.
55. WINZENBERG T. *Effects of calcium supplementation on bone density in healthy children: meta-analysis of randomised controlled trials.* BMJ 2006; 333(7572): 775.
56. MERRILEES MJ. *Effects of dairy food supplements on bone mineral density in teenage girls.* Eur J Nutr 2000; 39: 256-262.

第七章　為什麼喝過多牛奶反而讓骨質更脆弱？

57. KLOMPMAKER TR. *Lifetime high calcium intake increases osteoporotic fracture risk in old age.* Medical Hypotheses 2005; 65(3): 552-8.
58. DENNISON E, YOSHIMURA N, HASHIMOTO T, COOPER C. *Bone loss in Great Britain and Japan: a comparative longitudinal study.* Bone 1998; 23(4): 379-82.
59. KIN K, LEE JH, KUSHIDA K, ET AL. *Bone density and body composition on the Pacific rim: a comparison between Japan-born and U.S.-born Japanese–American women.* J Bone Miner Res 1993; 8(7): 861-9.
60. LING X, CUMMINGS SR, MINGWEI Q, ET AL. *Vertebral fractures in Beijing, China: the Beijing osteoporosis project.* J Bone Miner Res 2000; 15(10): 2019-25.
61. WANG Q, RAVN P, WANG S, OVERGAARD K, HASSAGER C, CHRISTIANSEN C. *Bone mineral density in immigrants from southern China to Denmark.* A cross-sectional study. Eur J Endocrinol 1996; 134(2): 163-7.
62. DIBBA B, PRENTICE A, LASKEY MA, STIRLING DM, COLE TJ. *An investigation of ethnic differences in bone mineral, hip axis length, calcium metabolism and bone turnover between West African and Caucasian adults living in the United Kingdom.* Ann Hum Biol 1999; 26(3): 229-42.
63. BONYADI M. *Mesenchymal progenitor self-renewal deficiency leads to age-*

dependent osteoporosis in Sca-1/Ly-6A null mice. PNAS 2003; 100(10): 5840-5.

64. DI GREGORIO GB. *Attenuation of self-renewal of transit-amplifying osteoblast progenitors in the murine bone marrow by 17 beta-estradiol.* J Clin Invest 2001; 107: 803-812.
65. TOKALOV SV. *A number of bone marrow mesenchymal stem cells but neither phenotype nor differentiation capacities changes with age of rats.* Molecules and Cells 2007; 24(2):255-260.
66. CONBOY IM, CONBOY MJ, WAGERS AJ, GIRMA ER, WEISSMAN IL, ET AL. *Rejuvenation of aged progenitor cells by exposure to a young systemic environment.* Nature 2005; 443, 760-764.
67. JESTESEN J, STENDERUP K, EBBESEN EN, MOSEKILDE L, STEINICHE T ET AL. *Adipocyte tissue volume in bone marrow is increased with aging and in patient with osteoporosis.* Biogerontology 2001; 2, 165-171.
68. STENDERUP K, ROSADA C, JESTESEN J, AL-SOUBKY T, DAGNAES-HANSEN F ET AL. *Aged human bone marrow stromal cells maintaining bone forming capacity in vivo evaluated using an improved method of visualization.* Biogerontology 2004; 5, 107-118.
69. TOKALOV SV. *A number of bone marrow mesenchymal stem cells but neither phenotype nor differentiation capacities changes with age of rats.* Molecules and Cells 2007; 24(2): 255-260.
70. LEBEDINSKAIA OV. *Age changes in the numbers of stromal celles in the animal bone marrow.* Morfologiia 2004;126(6):46-9.
71. JILKA RL. *Osteoblast progenitor fate and age-related bone loss.* J Musculoskel Neuron Interact 2002; 2(6): 581-583.
72. MANOLAGAS SC, JILKA RL. *Sex steroids and bone.* Endojournals 2002: 385-409.
73. BONYADI M. *Mesenchymal progenitor self-renewal deficiency leads to age-dependent osteoporosis in Sca-1/Ly-6A null mice.* PNAS 2003; 100(10): 5840-5.274
74. MOERMAN EJ. *Aging activates adipogenic and suppresses osteogenic programs in mesenchymal marrow stroma/stem cells.* Aging Cell 2004; 3(6): 379-389.
75. MANOLAGAS SC, JILKA RL. *Sex steroids and bone.* Endojournals 2002: 385-409.
76. TAKADA Y, AOE S, KUMEGAWA M. *Whey protein stimulated the proliferation*

and differentiation of osteoblastic MC3T3-E1 cells. Biochem Biophys Res Commun. 1996 Jun 14; 223(2): 445-9.

77. BRONNER F. *Development and regulation of calcium metabolism in healthy girls.* J Nutr 1998; 128(9): 1474-1480.
78. WASTNEY ME. *Changes in Calcium Kinetics in Adolescent Girls Induced by High Calcium Intake.* J Clin Endocrinol Metab 2000; 85(12): 4470-4475.
79. OLNEY RC. *Regulation of bone mass by growth hormone.* Med Pediatr Oncol. 2003 Sep; 41(3): 228-34.
80. GOLDIN BR. *The relationship between estrogen levels and diets of Caucasian American and Oriental immigrant wome.* American Journal of Clinical Nutrition, Vol 44, 945-953, © 1986.
81. SYED F. *Mechanisms of sex steroid effects on bone.* Biochem Biophys Res Commun 2005; 328(3): 699-696.
82. MORII H. *Adequate calcium intake and osteoblast function.* Clin Calcium. 2006 Jan; 16(1): 92-5.
83. Campbell TC, Campbell TM. *The China Study.* Benbella Books (Dallas, Texas, Etats-Unis), 2004.
84. LECKA-CZERNIK B. *Divergent effects of selective peroxisome proliferators-activated receptor gamma 2 ligands on adipocyte versus osteoblast differentiation.* Endocrinology 2002; 143: 2376-2384.
85. PARHAMI F. *Atherogenic high-fat diet reduces bone mineralization in mice.* J Bone Miner Res 2001; 16: 182-188.

第八章　乳糖不耐症是一種病嗎？

86. VONK R. *Lactose (mal)digestion evaluated by the 13C-lactose digestion test.* Eur J Clin Invest. 2000 Feb; 30 (2): 140-146.
87. BRINES J. *Adult Lactose Tolerance Is Not an Advantageous Evolutionary Trait.* Pediatrics 2004; 114: 55 :1372-1372.
88. MATTHEWS SB. *Systemic lactose intolerance: a new perspective on an old problem.* Postgrad Med J 2005; 81: 167-173.
89. GRIMBACHER B, PETERS T, PETER H-H. *Lactose-intolerance may induce severe chronic eczema.* Int Arch Allergy Immunol 1997; 113: 516-18.
90. TREUDER R, TEBBE B, STEINHOFF M, ET AL. *Familial aquagenic urticaria*

associated with familial lactose intolerance. J Am Acad Dermatol 2003; 47: 611-13.

91. MATTHEWS SB, CAMPBELL AK. *When sugar is not so sweet.* Lancet 2000; 355: 1309.
92. MATTHEWS SB, CAMPBELL AK. *Neuromuscular symptoms associated with lactose intolerance.* Lancet 2000; 356: 511.
93. MATTHEWS SB, CAMPBELL AK. *Lactose intolerance in the young: a new perspective.* Welsh Paediatric J 2004; 20: 56-66.
94. MATTHEWS SB. *Systemic lactose intolerance : a new perspective on an old problem.* Postgrad Med J 2005; 81: 167-173.
95. SINGH D. *Lactose intolerance in health and chronic diarrhoea.* Clinician 1985, 49(1): 21-25.
96. MARTEAU A & P. *Entre intolérance au lactose et maldigestion.* Cah Nutr Diét 2005 40(HS1): 20-23.

第九章　牛奶中的蛋白質是腫瘤的開關器

97. MADHAVAN TV. *The effect of dietary protein on carcinogesis of aflatoxin.* Arch Path 1968; 85: 133-137.

第十章　牛奶中的致癌加速器

98. KOMLOS J. *Histoire anthropométrique de la France de l'Ancien Régime.* Histoire Economie et Société 2003; 4: 519-536.
99. WILEY AS. *Does milk make children grow? Relationships between milk consumption and height in NHANES 1999-2002.* Am J Hum Biol 2005; 17(4): 425-441.
100. HANKINSON S. E., WILLETT W. C., COLDITZ G. A., HUNTER D. J., MICHAUD D. S., DEROO B., ROSNER B., SPEIZER F. E., POLLAK M. *Circulating concentrations of insulin-like growth factor-I and risk of breast cancer.* Lancet, 351: 1393-1396, 1998.
101. BRUNING P. F., VAN DOORN J., BONFRER J. M. G. *Insulin-like growth-factor-binding protein 3 is decreased in early-stage operable premenopausal breast cancer.* Int. J. Cancer, 62: 266-270, 1995.

102. TONIOLO P., BRUNING P., AKHMEDKHANOV A., BRONFRER J., KOENIG K., LUKANOVA A., SHORE R., ZELENIUCH-JACQUOTTE A. *Serum insulin-like growth factor-I and breast cancer.* Int. J. Cancer, 88: 828-832, 2000.
103. CHAN J. M., STAMPFER M. J., GIOVANNUCCI E., GANN P. H., MA J., WILKINSON P., HENNEKENS C. H., POLLAK M. *Plasma insulin-like growth factor-I and prostate cancer risk: a prospective study.* Science (Wash. DC), 279: 563-566, 1998.
104. WOLK A., MANTZOROS C. S., ANDERSSON S-O., BERGSTRÖM R., SIGNORELLO L. B., LAGIOU P., ADAMI H-O., TRICHOPOULOS D. *Insulin-like growth factor 1 and prostate cancer risk: a population-based, case-control study.* J. Natl. Cancer Inst., 90: 911-915, 1998.
105. HARMAN S., METTER E., BLACKMAN M., LANDIS P., CARTER H. *Serum levels of insulin-like growth factor 1 (IGF-I), IGF-II, IGF-binding protein-3, and prostate-specific antigen as predictors of clinical prostate cancer.* J. Clin. Endocrinol. Metab., 85: 4258-4265, 2000.
106. JUSKEVICH J.C., GUYER C.G. *Bovine growth hormone: human food safety evaluation [see comments].* Science (Wash. DC), 249: 875-884, 1990.
107. KIMURA T, MURAKAWA Y, OHNO M, OHTANI S, HIGAKI K. *Gastrointestinal absorption of recombinant human insulin-like growth factor-I in rats.* J Pharmacol Exp Ther. 1997 Nov;283 (2): 611-8.
108. PHILIPPS AF. *Absorption of milk-borne insulin-like growth factor-I into portal blood of suckling rats.* J Pediatr Gastroenterol Nutr 2000; 31(2): 128-135.
109. PHILIPPS AF, ANDERSON GG, DVORAK B, WILLIAMS CS, LAKE M, LEBOUTON AV, KOLDOVSKY O. *Growth of artificially fed infant rats: effect of supplementation with insulin-like growth factor I.* Am. J. Physiol., 272: R1532-R1539, 1997.
110. HOPPE C. *Animal protein intake, serum insulin-like growth factorI, and growth in healthy 2.5-y-old Danish children.* Am J Clin Nutr 2004; 80(2): 447-452.
111. PURUP S. *Biological activity of bovine milk on proliferation of human intestinal cells.* J Dairy Res 2006; 15: 1-8.
112. HOPPE C. *Protein intake at 9 mo of age is associated with body size but not with body fat in 10-y-old Danish children.* Am J Clin Nutr 2004 Mar; 79(3): 494-501.
113. ROGERS I. *Milk as a food for growth? The insulin-like growth factors link.* Public Health Nutr 2006; 9(3): 359-368.

114. CADOGAN J. *Milk intake and bone mineral acquisition in adolescent girls: randomised, controlled intervention trial.* BMJ 1997; 315: 1255-1260.

115. MORIMOTO LM. *Variation in plasma insulin-like growth factor-I and insulin-like binding protein-3: personal and lifestyle factors.* Cancer Causes Control 2005; 16(8): 917-927.

11isk: a case-control study in Sweden with prospectively collected exposure data. J Urology 1996;155:969-974.EWINGS P. *A case-control study of cancer of the prostate in Somerset and east Devon.* Br J Cancer 1996; 74: 661-666.

125. SNOWDON DA. *Diet, obesity, and risk of fatal prostate cancer.* Am J Epidemiology 1984; 120: 244-250. LEMARCHAND L. *Animal fat consumption and prostate cancer: a prospective study in Hawaii.* Epidemiology 1994; 5: 276-282.

GIOVANNUCCI E. *Calcium and fructose intake in relation to risk of prostate cancer.* Cancer Res 1998; 58: 442-447.

SCHUURMAN AG. *Animal products, calcium and protein and prostate cancer risk in the Netherlands Cohort Study.* Br J Cancer 1999; 80: 1107-1113.

CHAN JM. *Dairy products, calcium, and prostate cancer risk in the Physicians' Health Study.* Am J Clin Nutr 2001; 74: 549-54.

126. GIOVANNUCCI E. *Calcium and fructose intake in relation to risk of prostate cancer.* Cancer Res 1998; 58: 442-447.

127. HIRAYAMA T. *Epidemiology of prostate cancer with special reference to the role of diet.* Natl Cancer Inst Monogr 1979; 53: 149-155.

MILLS PK. *Cohort study of diet, lifestyle, and prostate cancer in Adventist men.* Cancer 1989; 64 :598-604.

SEVERSON RK. *A prospective study of demographics, diet, and prostate cancer among men of Japanese ancestry in Hawaii.* Cancer Res 1989; 49: 1857-1860.

THOMPSON MM. *Heart disease risk factors, diabetes, and prostatic cancer in an adult community.* Am J Epidemiol 1989; 129: 511-517.

Hsing AW. *Diet, tobacco use, and fatal prostate cancer: results from the Lutheran brotherhood cohort study.* Cancer Res 1990; 50: 6836-6840.

VEIEROD MB. *Dietary fat intake and risk of prostate cancer: a prospective study of 25,708 Norwegian men.* Int J Cancer 1997; 73: 634-638.

128. QIN L-Q. *Milk Consumption Is a Risk Factor for Prostate Cancer : Meta-Analysis of Case-Control Studies.* Nutr Cancer 2004; 48(1): 22-27.

129. GAO X. *Prospective studies of dairy product and calcium intakes and prostate cancer risk: a metaanalysis.* J Natl Cancer Inst 2005 Dec 7; 97(23): 1768-1777.
130. TSENG M. *Dairy, calcium and vitamin D intakes and prostate cancer risk in the National Health and Nutrition Examination Epidemiologic Follow-up Study Cohort.* Am J Clin Nutr 2005; 81: 1147-1154.
131. GIOVANNUCCI E, LIU Y, STAMPFER MJ, WILLETT WC. *A prospective study of calcium intake and incident and fatal prostate cancer.* Cancer Epidemiol Biomarkers Prev. 2006 Feb; 15(2): 203-10.
132. ROHRMANN S, PLATZ EA, KAVANAUGH CJ, THUITA L, HOFFMAN SC, HELZLSOUER KJ. *Meat and dairy consumption and subsequent risk of prostate cancer in a US cohort study.* Cancer Causes Control. 2007; 18(1): 41-50.
133. MITROU PN, ALBANES D, WEINSTEIN SJ, PIETINEN P, TAYLOR PR, VIRTAMO J,LEITZMANN MF. *A prospective study of dietary calcium, dairy products and prostate cancer risk (Finland).* Int J Cancer. 2007 Jun 1; 120(11): 2466-73.
134. PARK Y, MITROU PN, KIPNIS V, HOLLENBECK A, SCHATZKIN A, LEITZMANN MF. *Calcium, dairy foods, and risk of incident and fatal prostate cancer: the NIH-AARP Diet and Health Study.* Am J Epidemiol. 2007; 166(11): 1270-9.
135. AHN J, ALBANES D, PETERS U, SCHATZKIN A, LIM U, FREEDMAN M, CHATTERJEE N, ANDRIOLE GL, LEITZMANN MF, HAYES RB; PROSTATE, LUNG, COLORECTAL, AND OVARIAN TRIAL PROJECT TEAM. *Dairy products, calcium intake, and risk of prostate cancer in the prostate, lung, colorectal, and ovarian cancer screening trial.* Cancer Epidemiol Biomarkers Prev. 2007 Dec; 16(12): 2623-30.
136. PARK SY. *Calcium, vitamin D, and dairy product intake and prostate cancer risk: the Multiethnic Cohort Study.* Am J Epidemiol 2007; 166(11): 1259-69.
137. SEVERI G, ENGLISH DR, HOPPER JL, GILES GG. *Re: Prospective studies of dairy product and calcium intakes and prostate cancer risk: a meta-analysis.* Natl Cancer Inst. 2006 Jun 7; 98(11): 794-5.
138. KOH KA, SESSO HD, PAFFENBARGER RS JR, LEE IM. *Dairy products, calcium and prostate cancer risk.* Br J Cancer. 2006 Dec 4;95(11): 1582-5.
139. NEUHOUSER ML, BARNETT MJ, KRISTAL AR, AMBROSONE CB, KING I, THORNQUIST M, GOODMAN G. (n-6) *PUFA increase and dairy foods*

decrease prostate cancer risk in heavy smokers. J Nutr. 2007 Jul; 137(7): 1821-7.

140. ALLEN NE. *Animal foods, protein, calcium and prostate cancer risk: the European Prospective Investigation into Cancer and Nutrition.* Br J Cancer 2008 Apr 1.
141. PENG L, MALLOY PJ, FELDMA D. *Identification of a Functional Vitamin D Response Element in the Human Insulin-Like Growth Factor Binding Protein-3 Promoter.* Mol. Endocrinol. 2004; 18: 1109-1119.
142. CHAN JM, STAMPFER MJ, MA J, GANN P, GAZIANO JM, POLLAK M, GIOVANNUCCI E. *Insulin-like growth factor-I (IGF-I) and IGF binding protein-3 as predictors of advanced-stage prostate cancer.* J Natl Cancer Inst. 2002 Jul 17; 94(14): 1099-106.
143. HOPPE C. *Cow's Milk and Linear Growth in Industrialized and Developing Countries.* Ann Rev Nutr 2006; 26: 131-173.
144. MALLARD J. *Insémination artificielle et production laitière bovine : répercussions d'une biotechnologie sur une filière de production.* Productions animales 1998; 11: 33-39.
145. INSTITUT PASTEUR DE LILLE. *Os et nutrition: quoi de neuf?* Les 8es entretiens de nutrition. 9 juin 2006, Lille (France).
146. WILEY AS. *Does milk make children grow?* Relationships between milk consumption and height in NHANES 1999-2002. Am J Hum Biol 2005; 17: 425-441.
147. GANMAA D. *The possible role of female sex hormones in milk from pregnant cows in the development of breast, ovarian and corpus uteri cancers.* Med Hypotheses 2005; 65(6): 1028-37.
148. GARNER MJ, BIRKETT NJ, JOHNSON KC, SHATENSTEIN B, GHADIRIAN P, KREWSKI D; CANADIAN CANCER REGISTRIES EPIDEMIOLOGY RESEARCH GROUP. *Dietary risk factors for testicular carcinoma.* Int J Cancer. 2003 Oct 10;106(6):934-41. Erratum in: Int J Cancer. 2003; 107(6): 1059.
149. LI XM, GANMAA D, QIN LQ, LIU XF, SATO A. *The effects of estrogen-like products in milk on prostate and testes.* Zhonghua Nan Ke Xue. 2003;9(3): 186-90.
150. LARSSON S. *Milk and lactose intakes and ovarian cancer risk in the Swedish Mammography Cohort.* American Journal of Clinical Nutrition 2004; 80(5): 1353-1357.

151. GENKINGER JM, HUNTER DJ, SPIEGELMAN D, ANDERSON KE, ARSLAN A, BEESON WL, BURING JE, FRASER GE, FREUDENHEIM JL, GOLDBOHM RA, HANKINSON SE, JACOBS DR JR, KOUSHIK A, LACEY JV JR, LARSSON SC, LEITZMANN M, MCCULLOUGH ML, MILLER AB, RODRIGUEZ C, ROHAN TE, SCHOUTEN LJ, SHORE R, SMIT E, WOLK A, ZHANG SM, SMITHWARNER SA. *Dairy products and ovarian cancer: a pooled analysis of 12 cohort studies.* Cancer Epidemiol Biomarkers Prev. 2006 Feb; 15(2): 364-72.
152. KORALEK DO, BERTONE-JOHNSON ER, LEITZMANN MF, STURGEON SR, LACEY JV JR, SCHAIRER C, SCHATZKIN A. *Relationship between calcium, lactose, vitamin D, and dairy products and ovarian cancer.* Nutr Cancer. 2006; 56(1): 22-30.
153. SCHULZ M. *No association of consumption of animal foods with risk of ovarian cancer.* Cancer Epidemiol Biomarkers Prev. 2007; 16(4): 852-5.

第十二章　喝牛奶能讓你變苗條？

154. ZEMEL MB, THOMPSON W, MILSTEAD A, MORRIS K, CAMPBELL P. *Calcium and dairy acceleration of weight and fat loss during energy restriction in obese adults*. Obes Res. 2004; 12: 582-90.
155. ZEMEL MB, RICHARDS J, MATHIS S, MILSTEAD A, GEBHARDT L, SILVA E. *Dairy augmentation of total and central fat loss in obese subjects.* Int J Obes (Lond). 2005 Apr; 29(4): 391-7.
156. ZEMEL MB. *Effects of Calcium and Dairy on Body Composition and Weight Loss in African-American Adults.* Obesity Research 2005; 13: 1218-1225.
157. SHAPSES SA. *Effect of calcium supplementation on weight and fat loss in women.* J Clin Endocrinol Metab 2004; 89: 632-637.
158. JENSEN LB. *Bone mineral changes in obese women during a moderate weight loss with and without calcium supplementation.* J Bone Miner Res 2001; 16: 141-147.
159. BOWEN J, NOAKES M, CLIFTON PM. *A high dairy protein, high-calcium diet minimizes bone turnover in overweight adults during weight loss.* J Nutr. 2004 Mar; 134(3): 568-73.
160. Thompson W. *Effect of Energy-Reduced Diets High in Dairy Products and Fiber*

on Weight Loss in Obese Adults. Obesity Research 13: 1344-1353 (2005).
161. HARVEY-BERINO J, PINTAURO S, BUZZELL P, GOLD EC. *Effect of internet support on the longterm maintenance of weight loss.* Obes Res. 2004 Feb; 12(2): 320-9.
162. ZEMEL MB, TEEGARDEN D, VAN LOAN M. *Role of dairy products in modulation of weight and fat loss: A multi-center trial.* FASEB J. 2004; 18: A845.
163. BARR S. *Increased dairy product or calcium intake : Is body weight or composition affected in humans?* J Nutr 2003; 133: 245S-248S.
164. TROWMAN R, DUMVILLE JC, HAHN S, TORGERSON DJ. *A systematic review of the effects of calcium supplementation on body weight.* Br J Nutr. 2006 Jun; 95(6): 1033-8.
165. HUANG TT, MCCRORY MA. *Dairy intake, obesity, and metabolic health in children and adolescents: knowledge and gaps.* Nutr Rev. 2005 Mar;63(3): 71-80.
166. RAJPATHAK SN, RIMM EB, ROSNER B, WILLETT WC, HU FB. *Calcium and dairy intakes in relation to long-term weight gain in US men.* Am J Clin Nutr 2006 Mar; 83(3): 559-66.

第十三章　糖尿病與多發性硬化症有相同起源？

167. ONKAMO P ET AL. *Worldwide increase in incidence of type I diabetes—the analysis of the data on published incidence trends.* Diabetologia 1999; 42: 1395-403.
168. NENTWICH I. *Antigenicity for Humans of Cow Milk Caseins, Casein Hydrolysate and Casein Hydrolysate Fractions.* Acta Vet Brno 2004; 73: 291-298.
169. MONETINI L. *Antibodies to bovine beta-casein in diabetes and other autoimmune diseases.* Horm Metab Res 2002; 34(8): 455-9.
170. SCOTT FW. *Cow milk and insulin-dependent diabetes mellitus: is there a relationship?* Am J Clin Nutr 51: 489-491, 1990.
171. DAHL-JORGENSEN K, JONER G, HANSSEN KF. *Relationship between cow's milk consumption and incidence of IDDM in childhood.* Diabetes Care 1991; 14: 1081-1083.

172. FAVA D, LESLIE RDG, POZZILLI P. *Relationship between dairy product consumption and incidence of IDDM in childhood in Italy.* Diabetes Care 17: 1488-1490, 1994.
173. BORCH-JOHNSEN K, JONER G, MANDRUP-POULSEN T, CHRISTY M, ZACHAUCHRISTIANSEN B, KASTRUP K, NERUP J. *Relation between breast-feeding and incidence of insulindependent diabetes mellitus. A hypothesis.* Lancet II: 1083-1086, 1994.
174. MAYER EJ, HAMMAN RF, GAY EC, LEZOTTE DC, SAVITZ DA, KLINGENSMITH GJ. *Reduced risk of IDDM among breast-fed children.* Diabetes 37: 1625-1632, 1988.
175. VIRTANEN SM, RASANEN L, ARO A, LINDSTROM J, SIPPOLA H, LOUNAMAA R, TOIVANEN L, TUOMILEHTO J, AKERBLOM HK. *Infant feeding in Finnish children less than 7 yr of age with newly diagnosed IDDM. Childhood Diabetes in Finland Study Group.* Diabetes Care 14: 415-417, 1991.
176. KOSTRABA JN, DORMAN JS, LAPORTE RE, SCOTT FW, STEENKISTE AR, GLONINGER M, DRASH AL. *Early infant diet and risk of IDDM in blacks and whites. A matched case-control study.* Diabetes Care 15: 626-631, 1992.
177. KOSTRABA JN, CRUICKSHANKS KJ, LAWNER-HAEVNER J, JOBIM LF, REWERS MJ, GAY EC, CHASE HP, KLINGENSMITH G, HAMMAN RF. *Early exposure to cow's milk and solid foods in infancy, genetic predisposition, and risk of IDDM.* Diabetes 42: 288-295, 1993.
178. PEREZ-BRAVO F, CARRASCO E, GUTIERREZ-LOPEZ MD, MARTINEZ MT, LOPEZ G, DE LOS RIOS MG. *Genetic predisposition and environmental factors leading to the development of insulin-dependent diabetes mellitus in Chilean children.* J Mol Med 74: 105-109, 1996.
179. GIMENO SG, DE SOUZA JM. *IDDM and milk consumption. A case-control study in Sao Paulo, Brazil.* Diabetes Care 20: 1256-1260, 1997.
180. GERSTEIN H. *Does cow's milk cause type I diabetes mellitus? A critical overview of the clinical literature.* Diabetes Care 1: 13-19, 1994.
181. NORRIS JM, SCOTT FW. *A meta-analysis of infant diet and insulin-dependent diabetes mellitus: do biases play a role?* Epidemiology 7: 87-92, 1996.
182. VIRTANEN SM, RASANEN L, YLONEN K, ARO A, CLAYTON D, LANGHOLZ B, PITKANIEMI J, SAVILAHTI E, LOUNAMAA R, TUOMILEHTO J, AKERBLOM HK, AND THE CHILDHOOD DIABETES IN

FINLAND STUDY GROUP. *Childhood diabetes in Finland: early introduction of dairy products associated with increased risk of IDDM in Finnish children.* Diabetes 42: 1786-1790, 1993.

183. AKERBLOM HK, KNIP M. *Putative environmental factors in Type 1 diabetes.* Diabetes Metab Rev 14: 31-67, 1998.
184. JOHANSSON C, SAMUELSSON U, LUDVIGSSON J. *A high weight gain early in life is associated with an increased risk of type 1 (insulin-dependent) diabetes mellitus.* Diabetologia 37:91-94, 1994.
185. BORCH-JOHNSEN K, JONER G, MANDRUP-POULSEN T, CHRISTY M, ZACHAUCHRISTIANSEN B, KASTRUP K, NERUP J. *Relation between breast-feeding and incidence of insulindependent diabetes mellitus. A hypothesis.* Lancet II: 1083-1086, 1994.
186. KARJALAINEN J. *A bovine albumin peptide as a possible trigger of insulin-dependent diabetes mellitus.* N Engl J Med 1992; 327(5): 302-307.
187. AKERBLOM HK, VIRTANEN SM, ILONEN J, SAVILAHTI E, VAARALA O, REUNANEN A, TERAMO K, HAMALAINEN AM, PARONEN J, RIIKJARV MA, ORMISSON A, LUDVIGSSON J, DOSCH HM, HAKULINEN T, KNIP M; NATIONAL TRIGR STUDY GROUPS. *Dietary manipulation of beta cell autoimmunity in infants at increased risk of type 1 diabetes: a pilot study.* Diabetologia 2005; 48(5): 829-37.
188. NORRIS JM. *Timing of initial cereal exposure in infancy and risk of islet autoimmunity.* JAMA. 2003 Oct 1; 290(13): 1713-1720.
189. AKERBLOM HK. *Putative environmental factors and type 1 diabetes.* Diabetes/Metabolims Reviews. 1998; 14: 31-67.
190. TATER D. *Circulating immune complexes containing bovine insulin in a patient with systemic allergic manifestations.* Diabetes Res Clin Pract 1987; 3(5): 285-9.
191. VAARALA O. *Intestinal Immunity and Type 1 Diabetes.* Gastroenterol Nutr 2004; 39 Supplement 3: S732-S733.
192. VIRTANEN SM, SAUKKONEN T, SAVILAHTI E, YLONEN K, RASANEN L, ARO A, KNIP M, TUOMILEHTO J, AKERBLOM HK. *Diet, cow's milk protein and the risk of IDDM in Finnish children.* Diabetologia 37: 3 81-387, 1994.
193. VIRTANEN SM, HYPPONEN E, LAARA E, VAHASALO P, KULMALA P, SAVOLA K, RASANEN L, ARO A, KNIP M, AKERBLOM HK. *Cow's milk consumption, disease-associated autoantibodies and type 1 diabetes mellitus: a*

follow-up study in siblings of diabetic children. Childhood Diabetes in Finland Study Group. Diabet Med 15: 730-738, 1998.

194. BUTCHER PJ. *Milk consumption and multiple sclerosis–an etiological hypothesis.* Med Hypotheses 1986, 19(2): 169-178.
195. SWANK R. *Treatment of multiple sclerosis with low-fat diet.* AMA Arch Neurol Psychoatry 1953; 69: 91-103.
196. SWANK R. *Effect of low saturated fat diet in early and late cases of multiple sclerosis.* Lancet. 1990 Jul 7; 336(8706): 37-9.
197. BUTCHER PJ. *The distribution of multiple sclerosis in relation to the dairy industry and milk consumption.* NZ Med 1976; 83 (5666): 427-430.
198. WINER S, ASTSATUROV I, CHEUNG R, GUNARATNAM L, KUBIAK V, CORTEZ MA, MOSCARELLO M, O'CONNOR PW, MCKERLIE C, BECKER DJ, DOSCH HM. *Type I diabetes and multiple sclerosis patients target islet plus central nervous system autoantigens; nonimmunized nonobese diabetic mice can develop autoimmune encephalitis.* J Immunol. 2001 Feb 15; 166(4): 2831-41.
199. LAWLOR DA. *Avoiding milk is associated with a reduced risk of insulin resistance and the metabolic syndrome: findings from the British Women's Heart and Health Study.* Diabetes UK 2005; 22: 808-811.
200. MELONI GF. *High prevalence of lactose absorbers in Northern Sardinian patients with type 1 and type 2 diabetes mellitus* Am J Clin Nutr 2001, vol. 73, no3, pp. 582-585.
201. PAPAKONSTANTINOU E. *Food group consumption and glycemic control in people with and without type 2 diabetes: the ATTICA study.* Diabetes Care 2005; 28(10): 2539-2540.

第十四章　喝牛奶能避免過重、糖尿病與心肌梗塞的危險嗎？

202. GANNON MC. *The serum insulin and plasma glucose responses to milk and fruit products in type 2 (non-insulin-dependent) diabetic patients.* Diabetologia. 1986 Nov; 29(11): 784-91.
203. LILJEBERG HG, GRANFELDT YE, BJORCK IM. *Products based on a high fiber barley genotype, but not on common barley or oats, lower postprandial glucose and insulin responses in healthy humans.* J Nutr. 1996 Feb; 126(2): 458-66.

204. OSTMAN EM. *Inconsistency between glycemic and insulinemic responses to regular and fermented milk products.* Am J Clin Nutr 2001; 74: 96-100.
205. HOYT G. *Dissociation of the glycaemic and insulinaemic responses to whole and skimmed milk.* Br J Nutr 2005, 93: 175-177.
206. LILJEBERG EH. *Milk as a supplement to mixed meals may elevate postprandial insulinemia.* Eur J Clin Nutr 2001,55(11): 994-999.
207. CHOI HK, WILLETT WC, STAMPFER MJ, RIMM E, HU FB. *Dairy consumption and risk of type 2 diabetes mellitus in men: a prospective study.* Arch Intern Med. 2005 May 9; 165(9): 997-1003.
208. KING JC. *The milk debate. Arch Intern Med.* 2005 May 9; 165(9): 975-6.
209. FERRIERES J, BONGARD V, DALLONGEVILLE J, SIMON C, BINGHAM A, AMOUYEL P, ARVEILER D, DUCIMETIERE P, RUIDAVETS JB. *Consommation de produits laitiers et facteurs de risqué cardiovasculaire dans l'étude MONICA.* Cah Nutr Diét, 2006, 41: 33-38
210. CHANG L. *More dairy, less metabolic syndrome?* WebMD Medical News, 17 novembre 2005.
211. HOPPE C. *High intakes of milk but not meat, increase s-insulin and insulin resistance in 8-yearold boys.* Eur J Clin Nutr 2005; 59(3): 393-398.
212. ROBERTS DCK, TRUSWELL AS, SULLIVAN DR, GORRIE J, DARNTON-HILL I, NORTON H, THOMAS MA, ALLEN JK. *Milk, plasma cholesterol and controls in nutritional experiments [Letter].* Atherosclerosis 42: 323-325, 1982 .
213. HOWARD AN. *The Lack of Evidence for a Hypocholesterolaemic Factor in Milk.* Atherosclerosis, 1982; 45: 243-247.
214. THOLSTRUP T. *Does Fat in Milk, Butter and Cheese Affect Blood Lipids and Cholesterol Differently?* Journal of the American College of Nutrition, Vol. 23, No. 2, 169-176 (2004).
215. STEINMETZ KA, CHILDS MT, STIMSON C, KUSHI LH, MCGOVERN PG, POTTER JD, YAMANAKA WK. *Effect of consumption of whole milk and skim milk on blood lipid profiles in healthy men.* Am J Clin Nutr 59: 612-618, 1994.
216. KELEMEN LE. *Associations of dietary protein with disease and mortality in a prospective study of postmenopausal women.* Am J Epidemiol 2005; 161(3): 239-249.
217. SUBAR A.F. *Dietary sources of nutrients among U.S. children, 1989-1991.* Pediatrics 1998; 102-913-923.

218. CHARDIGNY JM. *Do trans fatty acids from industrially produced sources and from natural sources have the same effect on cardiovascular disease risk factors in healthy subjects? Results of the trans Fatty Acids Collaboration (TRANSFACT) study.* Am J Clin Nutr. 2008; 87(3): 558-66.
219. WAHLE KW. *Conjugated linoleic acids: are they beneficial or detrimental to health?* Prog Lipid Res 2004; 43(6): 553-87.
220. RISERUS U. *Trans fatty acids and insulin resistance.* Atheroscler Suppl. 2006; 7(2): 37-9.
221. LEES B, MOLLESON T, ARNETT TR, STEVENSON JC. *Differences in proximal femur bone density over two centuries.* Lancet. 1993 Mar 13; 341(8846): 673-5.
222. ABRAMS S. *Building bones in babies : can and should we exceed the human milk-fed infant's rate of bone calcium accretion?* Nutr Rev 2006; 64(11): 487-494.
223. EATON B, NELSON D. *Calcium in evolutionary perspective.* Am J Clin Nutr 1991; 54: 281S-287S.
224. PRYNNE CJ. *Dietary acid-base balance and intake of bone-related nutrients in Cambridge teenagers.* Eur J Clin Nutr 2004; 58: 1462-1471.

第十五章　營養學家隱瞞的真相：人體到底需要多少鈣質？

225. SEBASTIAN A, HARRIS ST, OTTAWAY JH, TODD KM, MORRIS JR RC. *Improved mineral balance and skeletal metabolism in postmenopausal women treated with potassium bicarbonate.* N Engl J Med, 1994, 330: 1776-1781.
226. SELLMEYER D. *Potassium citrate prevents increased urine calcium excretion and bone resorption induced by a high sodium chloride diet.* J Clin Endocrinol Metab 2002, vol. 87, no5, pp.2008-2012.
227. LEE WTK, LEUNG SSF, FAIRWATHERTAIT SJ, ET AL. *True fractional calcium absorption in Chinese children measured with stable isotopes (42Ca and 44Ca).* Br J Nutr 1994; 72: 883-97.
228. ABRAMS SA, STUFF JE. *Calcium metabolism in girls: current dietary intakes lead to low rates of calcium absorption and retention during puberty.* Am J Clin Nutr 1994; 60: 739-43.
229. KOHLENBERG-MUELLER K. *Calcium balance in young adults on a vegan*

and lactovegetarian diet. J Bone Miner Metab. 2003; 21(1): 28-33.
230. EATON B., NELSON D. *Calcium in evolutionary perspective.* Am J Clin Nutr 1991; 54: 281S-287S.
231. COELHO AM. *Resource bioavailability and population density in primates.* Primates 1976; 17: 63-80.
232. HEANEY RP. *Absorbability and utility of calcium in mineral waters.* Am J Clin Nutr 2006; 84: 371-374.
233. MÜHLBAUER RC. *Onion and a mixture of vegetables, salads, and herbs affect bone resorption in the rat by a mechanism independent of their base excess.* J Bone Miner Res 2002; 17(7): 1230-1236.

第十六章　不需猛灌牛奶也能預防骨質疏鬆的方法

234. MÜHLBAUER RC. *Various selected vegetables, fruits, mushrooms and red wine residue inhibit bone resorption in rats.* J Nutr 2003; 133(11): 3592-3597.
235. HEANEY RP. *Calcium nutrition and bone health in the elderly.* Am J Clin Nutr 1982; 36: 986-1013.
236. DERIOT G. GODEFROY J-P. *Le drame de l'amiante en France : comprendre, mieux réparer, en tirer des leçons pour l'avenir (auditions).* Rapport d'information n 37 (2005-2006).
237. BISCHOFF-FERRARI HA. *Calcium intake and hip fracture risk in men and women : a meta-analysis of prospective cohort studies and randomized controlled trials.* Am J Clin Nutr. 2007 Dec; 86(6): 1780-90.

國家圖書館出版品預行編目資料

牛奶，謊言與內幕 / 蒂埃里．蘇卡（Thierry Souccar）作; 陳懿禎譯 ——初版. ——台北市：商周出版：家庭傳媒城邦分公司發行, 2007.10
面；　公分.——（商周養生館；3）
譯自：Lait, mensonges et propaganda

ISBN 978-986-124-942-1（平裝）

1. 牛奶　2. 飲食

439.7　　96017339

商周養生館03Y

牛奶，謊言與內幕（三版）

作　　者 / 蒂埃里．蘇卡（Thierry Souccar）
譯　　者 / 陳懿禎、劉美安
企畫選書 / 彭之琬
責任編輯 / 羅珮芳

版　　權 / 吳亭儀、江欣瑜
行銷業務 / 周佑潔、黃崇華、賴玉嵐
總 編 輯 / 黃靖卉
總 經 理 / 彭之琬
事業群總經理 / 黃淑貞
發 行 人 / 何飛鵬
法律顧問 / 元禾法律事務所 王子文律師
出　　版 / 商周出版
台北市104民生東路二段141號4樓
電話：(02) 25007008　傳眞：(02)25007759
E-mail：bwp.service@cite.com.tw
發　　行 / 英屬蓋曼群島商家庭傳媒股份有限公司城邦分公司
台北市中山區民生東路二段141號2樓
書虫客服服務專線：02-25007718；25007719
服務時間：週一至週五上午09:30-12:00；下午13:30-17:00
24小時傳眞專線：02-25001990；25001991
劃撥帳號：19863813；戶名：書虫股份有限公司
讀者服務信箱：service@readingclub.com.tw
城邦讀書花園 www.cite.com.tw
香港發行所 / 城邦（香港）出版集團
香港灣仔駱克道 193 號東超商業中心 1F　E-mail : hkcite@biznetvigator.com
電話：(852) 25086231　傳眞：(852) 25789337
馬新發行所 / 城邦（馬新）出版集團【Cite (M) Sdn Bhd】
41, Jalan Radin Anum, Bandar Baru Sri Petaling,
57000 Kuala Lumpur, Malaysia.
電話：(603) 90563833　傳眞：(603) 90576622
Email: service@cite.com.my

封面設計 / 許晉維
內頁排版 / 立全電腦印前排版有限公司
印　　刷 / 韋懋實業有限公司
經 銷 商 / 聯合發行股份有限公司
地址：新北市231新店區寶橋路235巷6弄6號2樓
電話：(02)29178022　傳眞：(02)29110053

■2013年1月29日初版
■2023年1月9日三版1.3刷
定價350元

Printed in Taiwan

城邦讀書花園
www.cite.com.tw

 EAN 471-770-209-761-5

ORIGINAL TITLE: Lait, Mensonges et Propagande: NOUVELLE EDITION REVUE ET AUGMENTEE
by Thierry Souccar

廣　告　回　函
北區郵政管理登記證
北臺字第000791號
郵資已付，免貼郵票

104　台北市民生東路二段141號2樓

英屬蓋曼群島商家庭傳媒股份有限公司城邦分公司　收

請沿虛線對摺，謝謝！

書號：BUD003Y　　書名：牛奶，謊言與內幕（三版）　　編碼：

請於此處用膠水黏貼

商周出版

讀者回函卡

感謝您購買我們出版的書籍！請費心填寫此回函卡，我們將不定期寄上城邦集團最新的出版訊息。

不定期好禮相贈！
立即加入：商周出版
Facebook 粉絲團

姓名：__________ 性別：☐男 ☐女

生日：西元______年______月______日

地址：__________

聯絡電話：________ 傳真：________

E-mail ：

學歷：☐ 1. 小學 ☐ 2. 國中 ☐ 3. 高中 ☐ 4. 大學 ☐ 5. 研究所以上

職業：☐ 1. 學生 ☐ 2. 軍公教 ☐ 3. 服務 ☐ 4. 金融 ☐ 5. 製造 ☐ 6. 資訊
☐ 7. 傳播 ☐ 8. 自由業 ☐ 9. 農漁牧 ☐ 10. 家管 ☐ 11. 退休
☐ 12. 其他________

您從何種方式得知本書消息？

☐ 1. 書店 ☐ 2. 網路 ☐ 3. 報紙 ☐ 4. 雜誌 ☐ 5. 廣播 ☐ 6. 電視
☐ 7. 親友推薦 ☐ 8. 其他________

您通常以何種方式購書？

☐ 1. 書店 ☐ 2. 網路 ☐ 3. 傳真訂購 ☐ 4. 郵局劃撥 ☐ 5. 其他____

您喜歡閱讀那些類別的書籍？

☐ 1. 財經商業 ☐ 2. 自然科學 ☐ 3. 歷史 ☐ 4. 法律 ☐ 5. 文學
☐ 6. 休閒旅遊 ☐ 7. 小說 ☐ 8. 人物傳記 ☐ 9. 生活、勵志 ☐ 10. 其他

對我們的建議：__________

請於此處用膠水黏貼